# 涂层结构和 V 形切口界面强度的边界元法分析研究

程长征　著　　牛忠荣　导师

U0231968

合肥工业大学出版社

# 出版说明

为贯彻教育部《关于实施研究生教育创新计划　加强研究生创新能力培养　进一步提高培养质量的若干意见》（教研〔2005〕1号）文件精神，培养研究生创新意识、创新能力，提高研究生培养质量，合肥工业大学设立了研究生科技创新基金，以支持和资助研究生的教育创新活动，为创新人才的成长创造条件。学校领导高度重视研究生教育创新，出版的《斛兵博士文丛》就是创新基金资助的项目之一。

《斛兵博士文丛》入选的博士学位论文是合肥工业大学2008届部分优秀的博士学位论文。为提高学位论文的出版质量，《斛兵博士文丛》以注重创新为出版原则，充分展示我校博士研究生在基础与应用研究方面的成绩。

《斛兵博士文丛》的出版，得到了相关兄弟院校和有关专家的大力支持，也得到了研究生导师和研究生的热情支持，我们谨此表示感谢，希望今后能继续得到他们的支持与帮助。

我们力求把这项工作做好，但由于我们经验不足和学识水平有限，书中难免存在不足之处，敬请读者给予批评指正。

合肥工业大学研究生学位论文出版编辑委员会

2011 年 11 月

# 总　序

　　胡锦涛总书记指出，为完成"十二五"时期经济社会发展的目标任务，在激烈的国际竞争中赢得发展的主动权，最根本的是靠科学技术，最关键的是大力提高自主创新能力。"提高自主创新能力，建设创新型国家"已明确写进了党的十七大报告。而创新型国家的建设靠人才，人才的培养靠教育。博士生教育与我国科学技术的进步与发展，与社会经济的发展有着直接而密切的联系，是国家创新体系的重要组成部分，研究生尤其是博士研究生培养质量如何，将集中体现一所高校的教育和科研水平。

　　博士论文的研究工作一般都能体现本领域学科发展的前沿性和某些行业多元发展的战略性，应具有一定的创新性。为鼓励广大研究生，特别是博士研究生选择具有重大意义的科技前沿课题进行研究，进一步提高研究生的创新意识、创新精神、创新能力，激励、调动我校博士研究生及其指导教师进一步重视提高博士学位论文质量和争创优秀博士学位论文的主动性和积极性，展示我校博士研究生的学术水平，学校经过精心筹划，编辑出版了《斛兵博士文丛》。

　　此次入选《斛兵博士文丛》的论著，均为 2008 年毕业并获得博士学位的优秀博士研究生学位论文。我校的优秀博士学位论文评选工作旨在逐步建立有效的质量监督和激励机制，培养和激励我校在学博士生的创新精神，构建高层次创造性人才脱颖而出的优良氛围。同时优秀博士学位论文代表着我校博士生培养的最高水平，对我校博士生教育起到了示范作用。这套丛书中的论文大体上都有以下几个显著特点：一是选题均为本学科的前沿，具有较大的挑战性；二是论文的创新性突出，或是在理论上或是在方法上有创新；三是论文的成果较为显著，大多都在国际学术刊物上发表了与该论文有关的学术论文。

　　《斛兵博士文丛》的出版也是我校实施研究生创新工程的一个重要举措。伴随着办学条件的不断改善、人才培养政策的日趋完善和高层次创新型人才成长的良好环境的不断构建，一定能达到多出人才、快出人才、出好人才的目标。

　　我衷心希望广大研究生发扬我校的优良传统，在严谨求实、开放和谐、充满生机与活力的学术环境中奋发努力、锐意进取、勇于创新，通过自己的辛勤劳动和刻苦钻研写出更好的论文，为进一步提高我校的学术水平作出更大的贡献，为把学校建设成为国内先进、国际知名的创新型高水平大学而不懈努力。

合肥工业大学校长

教授、博士生导师　徐枞巍

二〇一一年十一月

# 摘　　要

　　本文在调查和总结现有的分析涂层结构和 V 形切口方法的基础上，详细研究了使用边界元法分析涂层和 V 形切口结构的力学场问题。创立了一个新的分析途径，研发了相应的计算程序，有效和准确地求解了涂层结构内的物理场和 V 形切口尖端附近的奇异应力场。全文主要研究工作及结论如下：

　　1）研究了二维涂层结构温度场和应力场边界元法中几乎奇异积分的计算。将涂层结构分成涂层和基体两种不同的子域，在涂层域中使用完全的解析积分算法，解决了其中的几乎奇异积分难题，使边界元法可以求解超薄涂层结构中全域的温度场和应力场分布。使得边界元法可以有效分析涂层结构内的物理场，发挥了边界元法计算量小、精度高的优势。同时运用该法分析了碳纤维布加固钢结构的强度和浅表面裂纹应力强度因子等问题。

　　2）研究了三维薄形层合结构边界元法中几乎奇异积分的半解析算法。该算法使得边界元法不仅可以计算更加靠近边界的各层内点力学参量，并且能分析层厚更薄的三维层合结构的位移场和应力场。

　　3）研究了二维应力边界积分方程中几乎超奇异积分的降阶。通过分部积分变换消除了其中的超奇异积分，获得仅含强奇异积分的应力自然边界积分方程。对于近边界应力的计算，进一步运用正则化算法解析计算其中的几乎强奇异积分。创新地将该技术推广到热弹性力学和弹性力学多域边界元法中。较常规边界元法相比，应力自然边界积分方程可以求解离边界更加接近的内点应力值。

　　4）首次提出边界元法计算 V 形切口应力奇性指数的一个新技术。基于线弹性力学理论，将切口尖端的位移和面力按级数渐近展开，代入到边界积分方程中，离散后转换成关于切口奇性指数的代数特征值问题，利用 QR 法求解获得 V 形切口的应力奇性指数。这一新方法避免了在切口尖端布置细密单元，并可同时求出多阶应力奇性指数。

　　5）创新建立了边界元法计算 V 形切口奇异应力场的新途径。将含 V 形切口结构分成围绕切口尖端的小扇形和剩余结构两部分。基于切口尖端区域求出的多重应力奇性指数和相应的位移、应力特征角函数，将小扇形区域的位移和应力表示成有限项奇性指数和特征角函数的线性组合，代入到在挖去小扇形后的剩余结构内建立的边界积分方程。由此准确地计算出 V 形切口尖端区域的位移场、多重奇异应力场和应力强度因子。然后又将该法推广到粘结多材料 V 形切口尖端奇异应力场分析以及多重应力强度因子的计算。这一新方法完整符合了切口尖端奇异应力场的解析规律。本文结果为 V 形切口的疲劳、断裂分析提供了准确的应力场分布。

　　**关键词：**　　边界元法，几乎奇异积分，涂层结构，V 形切口，应力奇性指数，应力强度因子

# Abstract

Based on the review of the analytic methods of coating—structures and V-notched structures, boundary element analysis of the coating-structures and V—notched structures are studied in detail by the author. The main work and contribution in this thesis are given as follows:

1) The evaluation of the temperature field and two-dimensional stress field in the coating-structures is studied by boundary element method. Because the thickness of the coatings is very thin, the nearly singular integrals will occur in the boundary element analysis of the coating-structures. Here, a completely analytic algorithm has been raised to deal with the nearly singular integral. Consequently, the boundary element method can be used to efficiently calculate the temperature field, the stress and displacement fields of the coating-structure with multilayer materials. Then, the present method is adopted to determine the strength of the carbon fiber reinforced structures and the stress intensity factors of the sub-surface cracks.

2) The semi-analytic algorithm of the nearly singular integral is introduced to the boundary element analysis of three-dimensional thin laminated structures. By using the semi-analytic formulation, the boundary element method can not onlycalculate the mechanical parameter of the inner points very close to the boundary in each layer, but also analyze the stress and displacement fields of multilayer thin-walled structures.

3) The evaluation of the hyper-singular integral in the stress boundary integral equations (BIE) is studied. A series oftransformations are performed to the conventional displacement derivative BIE in order to eliminate the hyper-singular principal value integrals. Hence, a new stress

natural BIE is developed, in which there only exist the strongly singular integrals instead of the hyper-singular integrals in the conventional stress BIE. Furthermore, when a source point tends to the boundary, the small dominant factor leading to the nearly strongly singular integrals in the natural BIE is shifted out of the integral representations by the integration by parts, so that the singular integrals are accurately calculated. As a result, the present method is extended to the thermo-elasticity and multi-domain boundary element method by the author. Numerical examples demonstrate that the natural BIE can successfully determine the stress distributions in the domain very closer to the boundary in comparison with the conventional BIE.

4) A newtechnique about the evaluation of the stress singularity orders of the V-notches by boundary element method is firstly proposed. Based on the theory of linear elasticity, the asymptotic displacement and stress fields in the V-notch tip region are expressed as a series expansion with respect to the radial coordinate from the tip. The series expansion of the asymptotic field is then substituted into the equations of the boundary element analysis of the V-notched structure. After the discretization, the boundary integral equation is transformed to the eigen equation with the stress singularity orders. By the use of the QR method to solve the eigen equation, the eigenvalues which are the singularity orders can be obtained. Hence, the use of very fine elements near the V-notch tip in the conventional boundary element method is unnecessary in the present new method. The multiple singularity orders of the V-notch can be obtained simultaneously in the present method.

5) A new way to determinate the singularity stress field near the V-notch tip by the boundary element method is established. Firstly, the V-notched structure is divided into two parts, a small sector around the V-notch tip and the other. Based on the computed multiple stress singularity orders and the corresponding eigen functions of the displacements and stresses, the displacements and stresses in the small sector are expressed as the linear combinations of the finite terms of the series expansion with all

the singularity orders. Secondly, the boundary element method is used to model the V-notched structure removed the small sector, in which the boundary conditions along the arc edge from cutting the sector are expressed by the above linear combinations. Finally, the displacement and stress field at the V-notch tip and the multiple stress intensity factors are obtained through the boundary element analysis. This new method reflects the completely analytic character of the singular stress field near the V-notch tip. The accurate stress fields obtained by the present method are very useful in the analysis of the fatigue and fracture of the V-notched structures.

**Keywords:** Boundary element method; nearly singular integral; coating-structure; V-notched structure; stress singularity order; stress intensity factor

# 目　录

# 第 1 章　绪　　论

## 1.1　引　言

现代科学技术的发展极大地促进了新材料的开发和应用。人们把两种或几种异质材料利用某种结合方式连接在一起组成结合材料,如:复合材料、智能材料、功能梯度材料、薄膜涂层材料等。涂层结合材料(图 1−1a)由于具有隔热、耐磨、抗腐蚀等优点,正在工程技术中被广泛采用。涂层通过喷涂、渗透或粘结等工艺附着到基体上。在复杂的温度及机械载荷作用下,由于加工缺陷或热膨胀系数的不同以及残余应力等的影响,涂层和基体之间可能产生较大界面应力,使得涂层与基体的界面联结处易萌生界面裂纹(Kold 等,2002[1])。当裂纹沿着最有势的方向扩展时就可能导致涂层脱落。有效地应用涂层技术要求,准确地分析涂层间应力分布及断裂特性,是考察涂层结构寿命、设计带涂层零部件的重要依据。因而涂层结构中温度、热流分布状况的分析以及涂层结构的断裂力学特性研究具有现实的工程意义。

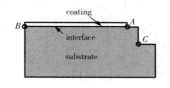　　　

　（a）涂层结合材料　　　（b）结合角点A　　（c）界面端B　　（d）V形切口C

图 1−1　带涂层构件及其中的切口问题

异质材料的结合角点 A(图 1－1b)属于一类 V 形切口问题。除此之外，工程中还存在如异质材料界面端 B(图 1－1c)、机械加工形成的 V 形切口 C(图 1－1d)、梁柱交结点等 V 形切口问题，裂纹也是一类特殊的切口。切口处由于几何形状或材料性质的突变，应力集中非常严重，以至于在弹性力学意义上应力趋于无穷大，这种弹性力学范围内应力趋于无穷大的特性称为应力奇异性(许金泉，2006[2])，应力奇异性指数和应力强度因子是表示这种奇异性强弱的两组重要参量。切口处严重的应力奇异性会诱发裂纹导致结构的断裂，断裂是一种"爆发病"，常常招致生命财产的重大损失。求得切口尖端的应力奇性指数和应力强度因子，获取切口尖端邻域内准确的奇异应力场和位移场，对结构强度的评价具有重要的意义。异质材料结合部往往具有多重应力奇异性，且应力奇异性指数有可能为复数，力学状况十分复杂，利用理论方法求解应力奇异性具有很大的难度。如果能从通用的数值分析方法来求得应力奇异性，则对工程应用将是非常有利。

边界元法是上世纪 60 年代发展起来的一种重要的数值计算方法，它具有精度高、计算量小、易于处理奇异场等优点。本论文拟重点研究采用边界元法来分析涂层结构内的物理场以及 V 形切口的奇异性问题。

## 1.2　涂层结构分析现状

### 1.2.1　表面涂层技术的进展

涂层是指在基体材料表面形成一定厚度且具有一定强化、防护或特殊功能的覆盖物。涂层可以提高基体材料的使用性能和寿命。涂层材料包括金属、陶瓷、塑料及其混合物等。根据其功能大致可以分为耐蚀涂层、耐磨增硬涂层和热障等特殊功能涂层。

耐蚀涂层主要有电镀镉涂层、热喷锌涂层、油漆涂料及塑料涂层等(He Yedong 等，2002[3]；Rout 等，2003[4]；Gabriella 等，2006[5])。在工件表面涂覆耐蚀涂层，是目前对工件进行保护，防腐蚀最有效的方法之一。耐磨涂层主要用在耐磨超硬刀具的制造上(Prengel 等，1997[6]；Peng Zhijian 等，

2003[7]）。碳化钛和氮化钛都是高硬度耐磨化合物，是刀具涂层的首选（Sal-war 等，1997[8]；唐达培等，2004[9]）。立方氮化硼涂层、金刚石涂层是近几年研究成功的新型刀具涂层材料（薛宏国等，2006[10]；Lu FX 等，2006[11]）。热障涂层具有抗高温、耐氧化、绝热性好等优点，主要用作航空航天器、内燃机、燃气轮机中的受热部件。陶瓷、金属陶瓷梯度材料、$ZrO_2$ 等适合制备热障涂层（Celik 等，1997[12]；李保岐等，1999[13]；Cao XQ 等，2004[14]；Amol 等，2005[15]）。近来，金属基复合材料涂层由于具有耐高温、耐磨损、导电导热性好、尺寸稳定等优良特性而备受青睐（马红玉和张嗣伟，2005[16]；Phil-ippe 等，2007[17]）。

将纳米材料和传统的表面涂层技术相结合，可得到纳米复合涂层（Re-bouta 等，2000[18]）。纳米微粒作为弥散相分布在涂层中，使纳米复合涂层均匀、结构致密，有更好的力学性能，如耐磨性、硬度、抗氧化性和耐腐蚀性等（Hafiz 等，2004[19]；Gyftou 等，2005[20]）。

功能梯度材料涂层是一种多层涂层，它是材料参数在涂层厚度坐标上成比例连续（或离散）变化的一种新型涂层（Hirai 等，1999[21]；Chen G 等，2000[22]；Dahan 等，2001[23]）。随着材料参数的梯度变化，导致涂层的力学性能梯度变化，从而实现对材料的强度、韧性、刚度等特性的人为设计和控制，以适应不同的应用场合（Brookes 等，2000[24]；Walter 等，2002[25]；Chi and Chung，2003[26]）。功能梯度涂层是目前涂层中极具应用潜力的研究方向（Huang 等，2005[27]；Kashtalyan 等，2007[28]）。

### 1.2.2　涂层结构温度场分析概述

涂层构件中涂层与基体之间热膨胀不一致产生的温度应力会导致涂层失效，涂层构件中温度、热流分布状况的分析对研究涂层的隔热和脱落等具有现实的工程意义（özel A 等，2000[29]）。

目前的研究重在涂层制备过程中温度场的数值模拟。Planche MP 等（2004）[30]计算了电弧喷涂涂层在不同的基体预热温度下涂层的温度场。邓迟等（2003）[31]计算了激光熔覆合成生物陶瓷涂层的三维温度场。王桂兰等（2005）[32]进行了三维等离子喷涂涂层生长过程温度场的数值模拟。蔚晓嘉等（1996）[33]找出了涂层感应重熔过程中热量和温度分布的规律。应丽霞等

(2004)[34]对陶瓷/金属热喷涂层在不同激光熔覆工艺参数下的温度场分布进行了仿真计算,得出了熔覆过程中试样表面、端面的温度等值线分布和温度梯度分布。Skrzypczak 等(2001)[35]利用"Fusion－2D"程序计算了脉冲激光沉积法合成氮化碳涂层时石墨靶材中的温度场。也有研究者对涂层构件使用过程中的温度场进行了分析。Fang Du 等(2001)[36]用边界元法计算了刀具涂层中的温度场。贾庆莲等(2003)[37]研究了切削过程中 TiN 涂层高速钢刀具的切削温度场分布特征。杨晓光等(2002)[38]对带涂层导向器叶片的温度分布进行了有限元分析,比较了不同陶瓷隔热层厚度、不同类型涂层的隔热效果。程长征和牛忠荣等(2005)[39]运用边界元法获得了各向同性涂层构件内的温度场分布。Hu SY 等(1998)[40]用边界元法分析了涂层结构中的热应力。王保林等(1999)[41]分析了基底/涂层结构的动态热应力,采用 Fourier 变换法得出了结构中的动态温度场和热应力场。Li Liang 等(2004)[42]利用 ANSYS 软件计算了多层热释电薄膜红外探测器中的温度场,研究了多层热释电薄膜中温度变化对电信号变化的影响。

### 1.2.3 涂层结合强度评价综述

涂层的结合强度,也称附着力,是指涂层与基体结合力的大小,即单位表面积的涂层从基体(或中间涂层)上剥落下来所需要的力。对于没有或不考虑界面奇点的情况,目前通常采用垂直于界面的正应力(称剥离应力)和作用于界面的剪应力(实际上是作用于界面的面力),作为界面强度的评价参数(许金泉,2006[2])。涂层与基体的结合强度是涂层性能的一个重要指标。研究涂层的结合强度主要有理论研究、试验测定和数值分析三种手段。

涂层材料中的应力场可以用 Fourier 反变换建立半解析解,但数学推演繁琐。尽管如此,在相关假设前提下,学者们在涂层结合强度的理论研究方面取得了一定的成果。Lemoce 等(1988)[43]使用傅立叶变换方法得到了单涂层系统在均布载荷无摩擦时的基底应力分布。Shi Z 和 Ramalingam S(2001)[44]按半无限空间假设,采用 Fourier 变换推导了三维横观各向同性涂层滚子与各向异性基体在滑动接触和热接触时的接触应力。张永康等(2006)[45]应用弯曲梁应力分布理论,分析了涂层结合界面应力分布,研究了残余应力对涂层结合力的影响关系。郭乙木等(2001)[46]在假设系统的界面端无应力奇异性的前提下,从弹性力学平面问题的艾雷应力函数出发,通过傅立叶变换,得到了平面多涂层系统的解析结果。吴臣武等(2006)[47]建立了涂层、基体平板试样的平面应变模型,推导了界面应力的级数解,但该级数解也不能反映界面应力的边缘奇异性。

涂层结合强度的测试方法可分为定性检测和定量检测两大类:定性方法有栅格试验、杯突试验、热震试验、锉磨法和超声法等;定量测试有粘结拉伸法、压入法、剪切试验、划痕试验法(Ollendorf 等,1999[48])等。定性法以经验判断和相对比较为主,试验结果一般很难给出力学参量(胡传炘等,2000[49])。定量测量界面强度的主要困难在于寻求便于试验的试件形状和加载方式,使得界面上能够产生不同的应力状态,即在不同的剥离应力和剪应力比的状态下发生破坏。学者们在涂层结合强度测试的试验方法和试验手段等方面都做了有效的尝试。近几年的研究主要有 Youtsos 等(1999)[50]提出一套激光剥离装置来测量基体与涂层间的平面界面结合强度,在实验测量的同时,还给出了理论和数值分析结果。Qi ZM 等人(1998)[51]采用激光照射技术评估热喷涂涂层热冲击强度。Nakasa(2003)[52,53],Kitamura(2004,2005)[54,55]等各自提出了利用界面端应力奇异性引发界面破坏的试验方法。于秦和许金泉(2005)[56]开发了薄膜涂层材料界面纯剪切破坏标准试验法。随着喷涂技术的发展,热喷涂涂层与基体的结合强度愈来愈高,从而给涂层强度的测定带来了难度。邱长军等(2006)[57]采用线切割沿涂层/基体界面切成对称切口,两边粘结后直接拉伸的试验方法对高强涂层抗拉结合强度进行评价。张国祥等(2006)[58]改锥形压头为球形压头对强界面脆性涂层结构横截面压入时的涂层剥落特点进行了分析。王建生(2000)[59]发展了多应变开裂及失稳试验,建立了涂层的破坏机制的损伤图,可以完整表征涂层结构的热——机械行为。杨仲略(1999)[60]将 Ni 基合金涂层作成抗弯试样,测量涂层的弯曲强度,探求其抗拉性能。马维等(2002)[61]综述了热喷涂涂层中残余应力分布试验测试技术、理论分析模型及其对热喷涂材料界面结合强度影响等领域的研究进展。

近 20 年来,国内外在数值模拟分析涂层结构应力场方面做了许多研究(Williamson 等, 1993[62];Bouzakis 等,1997[63];张榕京等,2001[64];Dobrzański 等,2005[65];José 等,2006[66])。研究者们分别采用有限元法、边界元法、界面元法等数值方法对涂层构件应力场进行了计算分析。Kompo-vopoulos 等(1988)[67]用有限元法计算了单涂层体系基底的应力场。Tian 和 Saka(1991)[68]通过有限元法分析了两层涂层系统滑动接触时基底的应力分布。Diaod 等(1994)[69]用有限元法对单层涂层进行计算,提出了赫兹压力下涂层/基体界面不发生屈服的最大接触压力公式。潘新祥等(1998)[70]也进行了多层表面膜滑动接触时的弹塑性有限元分析。Bennani 和 Takadoum(1999)[71]利用有限元法分析了薄涂层承受荷载下的弹性场。Diao 和 Ito(1999)[72]给出了含润滑颗粒硬涂层在滑动下的弹塑性变形图和局部屈服图。Schwarzer 等(1999)[73]给出了赫兹压力分布下半无限涂层空间的弹性场。赵希淑等(2002)[74]采用非均匀等参有限元的方法研究了梯度涂层/均匀基材界面裂纹的应力强度因子随涂层厚度及梯度参数的变化情况。鄢建辉(2004)[75]等用有限元法对单层涂层体系涂层最佳厚度进行了研究。Dobrzański 等(2005)[65]运用有限元软件 ANSYS 分析了磁控物理蒸着法形成的 Ti+TiN 涂层的层间应力值,并将计算结果与实验作了对照。Njiwa 等(1998,1999)[76,77]用边界元法计算了单涂层体系和两层薄涂层的应力场,并研究了功能梯度涂层内的应力不连续现象(Saizonou 等,2002[78])。董曼红等(2003)[79]提出了带热障涂层构件二维应力分析的边界元法。José 等(2006)[66]运用边界元法计算了带线粘弹性涂层的滚柱静态接触时的接触应力,研究了涂层厚度对接触应力的影响。叶碧泉等(1996)[80]用界面单元法分析了复合材料界面力学性能。

从以上综述可以看出,目前分析涂层结构主要还是采用数值分析手段,并以有限元法居多。

有限元法分析涂层结构时,若采用薄壳元就不能考虑沿壳厚度法向应力及剪切变形,难以模拟层间应力及相互作用;而用体元分析涂层结构,要求单元沿不同方向的尺寸不能悬殊太大,因此整个模型的单元长度都要划分成相当于涂层厚度的量级,导致建模工作量及计算量剧增,若遇有界面裂纹的情形,在裂尖处单元要更细,工作量特别巨大甚至不可为。

用常规边界元法分析涂层构件时,为避免几乎奇异积分问题(牛忠荣等,2001[81]),也需将边界单元划得很细,与涂层厚度相当,因此数据准备工作及计算量仍然很大,同时还受到方程是否退化等理论问题的困扰。只有攻克常规边界元法中的几乎奇异积分难题,才能真正发挥边界元法计算量小的优势来分析涂层构件。

# 1.3  切口构件研究概况

含 V 形切口的构件在工程中广泛存在(Huang,2003[82])。均质材料构件由于连接需要或机械加工等原因会形成 V 形切口,见图 1 - 2a 所示;异质粘结材料由于界面端不平整,切口问题更是不可避免,图 1 - 2b 是典型的粘结材料 V 形切口;即使粘结端面平整,由于界面上下材料的异质,也构成张角为 π 的切口,见图 1 - 2c 所示,本文称这种情形为异质材料界面端。 显然,裂纹是 V 形切口张角为零度的一种特殊情况。

 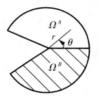 

(a)均质材料V形切口        (b)异质材料V形切口        (c)异质材料界面端

图 1 - 2   几种 V 形切口示意

同裂纹尖端一样,V 形切口尖端也存在严重的应力奇异性,结构的疲劳破坏通常开始于切口尖端或界面端。求解线弹性 V 形切口奇异性的两个关键问题是计算 V 形切口的应力奇性阶/指数和找出切口尖端相应的应力强度因子。一般情况下,V 形切口通常具有多重应力奇异性(Munz,1993[83];Chen DH,1996[84]),且奇异阶/指数可能是实数或复数(许金泉,2000[85]),所以 V 形切口问题通常比裂纹问题要复杂得多。

## 1.3.1  切口应力奇性指数研究概况

关于平面 V 形切口尖端应力奇异性方面的研究最早可以追溯到上世纪50 年代 Williams 的工作(Williams,1952[86]),他利用特征函数法建立了 V

形切口问题的特征方程,可以分析各种角边界载荷作用下切口尖端应力奇性指数问题,但该特征方程没有解析解。Williams(1952)[86] 和 England (1971)[87] 从单材料平面切口问题的特征方程入手,解析地对第一特征根的分布作了讨论。Fan Zhong(1992)[88] 从单材料平面问题复势出发,讨论了特征值随切口角度的变化规律,指出了高阶特征值曲线的分支现象和临界角概念。许多学者采用各种数值方法研究了 Williams 提出的特征方程。徐永君和袁驷(1997)[89] 利用超逆幂迭代法和常微分方程边值问题的求解器,求出了反平面 V 形切口问题的应力奇性指数,但是这种方法可能漏掉了复数奇异指数。傅向荣和龙驭球(2003)[90] 基于解析试函数法,采用分区加速 Müller 法依序无漏地计算了 Williams 特征方程的特征值。二维切口问题完备特征解的研究可见综述文(徐永君和袁驷等,2000[91])。一些学者独辟蹊径,不从 Williams 特征方程而直接从弹性力学微分方程出发,来获取应力奇性指数。牛忠荣等(2007)[92] 根据切口尖端附近位移场的渐近展开,将线弹性力学理论控制方程转化为常微分方程组的特征值问题,并用插值矩阵法(牛忠荣,1993[93])求解,可同时获得各阶应力奇性指数和对应的特征向量。也有研究者通过试验的办法来确定切口的应力奇异性。姚学锋等(2006)[94] 采用相干梯度敏感干涉实验测得 I 型 V 形切口尖端的应力奇性指数和断裂特性。Prassianakis 和 Theocaris(1990)[95] 采用焦散线法获取了弹性切口的应力强度因子。Kondo 等(2001)[96] 采用应变法测得了切口的应力强度因子。亢一澜(1999)[97] 对实验法测量界面应力奇异性做了综述。

### 1.3.2  切口应力强度因子研究综述

获得切口的应力奇性指数只是切口奇异性研究的一部分,更重要的是确定切口尖端附近的应力场和位移场,或获得表征应力奇异性强弱的指标如应力强度因子等。Gross 等人(1972)[98] 利用级数方法研究了弹性 V 形切口问题的应力分布。Chen DH(1995)[99] 提出利用体积力法求解 V 形切口应力强度因子,精度较高,但需要构造与体积力相应的基本密度函数。Yakobori 等人(1976)[100] 和 Seweryn(1994)[101] 从不同角度提出了 V 形切口问题的断裂判据。Gross 等(1964,1972)[102,103] 和 Carpenter(1985)[104] 采用边界配置法得到了平面 V 形切口问题的应力强度因子。数值方法中用有限元法来研究 V 形切口问题的文献很多（Yamada 等，1983[105]；Sukumar 等，1992[106]；Gu L 等，1994[107]；王效贵等，2002[108]）。Yamada 和 Okumura（1983）[105]提出了一种奇异变换的有限元方法。王效贵等（2002）[108]提出了一种基于最小势能原理的一维特殊有限元法。陈梦成和平学成等（2001[109]，2004[110]）也设计出了一种基于控制方程弱式的、满足 H 收敛或 P 收敛的一维高精度有限元法。Stern（1976）[111]提出的互功围线积分（RWCIM）被认为是利用有限元数值结果获得带裂纹构件应力强度因子的强有力工具之一。Carpenter（1984）[112]把互功围线积分法推广到求解 V 形切口问题中，但他对裂尖距离趋于零的围线积分仍采用数值积分，降低了计算精度。杨晓翔等（1996）[113]对 Carpenter 的数值积分作了改进，使计算结果的精度有所提高。另外，Sinclair 等（1984）[114]提出用与路径无关的 H 积分来计算 I、II 复合型 V 形切口应力强度因子。

边界元法同样也可用来计算 V 形切口尖端附近的位移场和应力场（Rzasnicki 等，1975[115]；Tan CL 等，1992[116]）。宋莉等（1993）[117]使用小单元模拟切口顶端区应力的奇异性，用边界元法计算了 V 形切口的应力强度因子。张永元等（1995）[118]用三维边界元程序计算了表面钝裂纹前沿附近的位移场和应力场，进而利用裂纹面前沿的"张开位移"推算了应力强度因子的分布。邓宗才等（1996）[119]用杂交元法计算 V 形切口问题的应力强度因子。

由于涂层结构和复合结构应用增多，双材料 V 形切口问题的研究也日渐被提上议程（Chen DH 等，1993[120]）。其实早在 1971 年，Bogy（1971）[121]利用 Mellin 变换，从基本方程出发，提出了异材界面端具有应力奇异性的观点。但 Bogy 因受所用方法的限制，未能给出奇异应力场的具体形式。由于问题的复杂性，直到 1991 年，久保等（1991）[122]才利用 Airy 应力函数，求得了应力奇异指数为实数时的奇异应力场和位移场。许金泉和丁浩江等（1996）[123]在不考虑初始应力的条件下，利用弹性力学中的 Goursat 公式，推导了具有任意结合角的异质界面端附近的应力场和位移场的具体形式，考虑到了应力奇异指数也可能为复数的情形。许金泉等（2000）[85]采用外插值法，通过沿双相介质界面的应力合成计算出 V 形切口两个应力奇性指数。简政等（1998）[124]利用应力函数法和牛顿迭代法，计算出双材料 V 形切口的应力奇性指数,并用杂交元法计算得到了应力强度因子。

对于切口问题,研究者们逐渐将研究领域从弹性材料扩展到弹塑性材料和幂强化材料(Gao Yuli 等,1990[125];Wang TC,1990[126];Yang S 等,1992[127])。Kuang 等(1987)[128]研究了弹塑性 V 形切口的奇性场问题。李有堂等(2002)[129]对 V 形切口的弹塑性问题进行了数值计算,讨论了切口几何参数和硬化指数对应力奇异性的影响。傅列东和许金泉等(2001)[130]提出了界面端弹塑性应力奇异性的迭代计算方法,并对不同硬化指数的幂次硬化结合材料的界面端弹塑性奇异应力场进行了分析(傅列东和许金泉等,2000[131])。Xia L 等(1993)[132]研究了幂强化材料且边界自由的 V 形切口的应力奇异性问题。夏源明和饶世国等(1994)[133]对双边切口薄板小试件的平面应力型动态断裂作了试验,并进行了动态弹塑性有限元分析(饶世国和夏源明,1995[134])。

在 Somaratna 和 Ting(1986)[135]研究横观各向同性材料三维锥形切口问题之后,有关切口问题的研究开始逐步从各向同性材料扩展到各向异性材料(Wu KC 和 Chen CT,1996[136])。Pageau 和 Biggers 等(1995)[137]运用奇异变换的有限元法研究了各向异性结合材料界面端部奇异性问题。Pageau 等(1996)[138]将 Yamada 等(1983)[105]的有限元特征分析法扩展到三维,以此分析柱状各向异性复合材料尖劈和接头端部的奇异应力场。Delale 等(1982)[139]研究了完全各向异性圆柱切口顶点的应力奇异性,还探讨了各向异性层叠材料的自由边问题,得到了奇性位移场和应力场以及应力奇性指数的解析表达式(Delale,1984[140])。Chen HP(1998)[141]利用复变函数方法求解柱状各向异性复合材料的奇性应力指数。平学成等(2005)[142]将三维柱状尖劈端部奇性场问题简化为"广义平面应变"问题(Ting 等,1984[143]),提出了一个基于位移的、分析柱状各向异性两相材料尖劈端部领域的奇性位移场和应力场问题的非协调元特征法。

最近,压电材料结合切口的断裂问题受到人们的关注(Beom 等,1996[144];Sosa 等,1990[145];Kwon 等,2001[146];Ueda,2002[147])。压电材料多为片状材料的积层体,材料特性的不匹配也会导致图 1-2b,1-2c 所示的 V 形切口或界面端,切口或界面端附近产生奇异应力场。由于压电材料的机电耦合效应,奇异应力场会诱发奇异电位移场,工程结构和构件的安全运

行与设计需要我们准确了解这些奇异应力场和电位移场。王建国等
(2002)[148]推导了层状压电介质空间轴对称问题的状态空间解。Xu XL 和
Rajapakse(2000)[149]以及陈梦成等(2005)[150]都考察了复合压电材料 V 形
切口/接头端部平面奇异电弹性场问题。Chue CH 和 Chen CD(2002)[151]则
讨论了压电材料 V 形切口端部广义平面电弹性场奇异性问题。王效贵等
(2001)[152]讨论了特征值为二重根的压电材料异材界面端奇异性。杨新华
等(2006)[153]对压电薄板切口尖端前沿力电损伤场作了分析。

切口尖端奇性场的求解方法中,解析法有理论性强和精度高等优点,但
对于一般的情形(如多种不同材料,不同切口边界条件等)解析法很难胜任。
数值方法可以处理一些解析方法难以求解的切口和连接体端部的奇性应力
场。传统有限元法和边界元法虽然可以通过增加切口尖端区域的网格密度
来模拟奇性应力场(Madhukar 等,2006[154]),但是计算量大增使得计算精度
的提高非常有限。最近,基于 V 形切口尖端附近应力场的渐近展开,有一个
专门的有限元法被提出来计算 V 形切口问题。对于 V 形切口和线裂纹,
Seweryn(2002)[155]抓住应力场渐近展开的两三个主项,将其作为切口尖端
区域应力场的解析逼近,然后用解析约束函数模拟奇异尖端周围核心区域
的应力场,结构的剩余区域用传统有限元模拟,这种方法可计算出两三个应
力奇性指数和应力强度因子。Seweryn 的方法需要知道解析约束条件,但是
三项解析约束函数仅在各向同性均质材料的裂纹中可获得(Williams ML,
1957[156])。因此人们提出用近似约束函数替代,根据这一概念,Carpinteri
等(2006)[157]用有限元法计算了带对称裂纹或缺口的双材料层合梁的第一
主奇性指数和 I 型应力强度因子。陈梦成和 Sze(2001)[158]结合非协调有限
元法和渐近展开假设提出了一种新的特征分析法,该法用于计算双材料 V
形切口的应力奇性指数和应力强度因子。随后,平学成等(2004)[159]用同样
的方法分析了三维各向异性复合材料 V 形切口问题。

国内外对各种结构材料的切口应力强度研究仍在继续(杨新华,
2005[160];Gómez,2003[161];Lazzarin,2006[162];Ma S,2006[163];Leguillon,
2007[164])。由以上综述可见,传统的有限元法和边界元法是通过在切口尖
端布置细密单元,求解出切口尖端附近的应力场,后用外推法来获取切口的
应力奇性指数和应力强度因子,这其实是一种近似的做法,精度提高有限。

虽然 Seweryn(2002)[155]开创了一类新的有限元分析切口奇异性的方法,但他只能计算前几阶应力奇性指数和应力强度因子。尽管后面阶次的应力奇性指数和应力强度因子的地位和作用不像前几项那么突出,但却影响前几阶应力强度系数的求解精度,其实际应用意义不容忽视,而在长期的研究中却很少涉及。

## 1.4　边界元法及几乎奇异积分问题

### 1.4.1　数值计算方法

基于物理定律,在生产实践和实验观察的基础上,人们将各种力学问题归结为一组偏微分方程在边值条件下的定解问题。但对大多数问题,由于方程的非线性性质,或由于求解区域比较复杂而不能得到解析解。随着计算机技术的推广与普及,数值计算方法发展成为求解力学问题的新途径。最常见的数值计算方法是有限差分法、有限元法和边界元法等。

有限差分法是一种应用较久的数值方法,其理论简单,它将所考虑的区域划分适当的网格,在网格的结点上用差分方程(代数方程)近似地代替控制方程(微分方程),在边界格子点上引用差分方程表示边界条件,把求解微分方程的问题转换为求解代数方程的问题(Anderson,1984[165])。目前,差分法在航天技术中的流场计算等流体力学研究领域仍占主导地位,但由于很难处理复杂的边界或有应力、应变奇异的问题,对三维问题也不容易处理等原因,这种方法的应用受到了一定的限制。

有限元法把有限差分法的网格点离散改造成更为灵活的有限单元离散,利用在每一个单元内假设的近似函数来分片地表示全求解域上待求的未知场函数。根据变分原理等建立有限元方程,把微分方程转换为代数方程,求解代数方程获得未知变量以后,通过插值函数计算出各单元内场函数的近似值,从而得到整个求解域上的近似解(王勖成,1997[166])。完善的有限元法理论和功能齐全且使用方便的通用商业化程序,使得有限元法已成为工程问题分析的一种强有力手段。但是,有限元法和差分法一样,需在整个求解域上进行离散,存在自由度数目多、计算工作量大,对无限域和奇异性的处理困难等问题。

边界元法是继有限元法之后发展起来的一种独具特色的数值方法,它将描述问题的偏微分方程化为边界积分方程,再利用离散技术把边界积分方程转化为代数方程求解(王有成,1996[167])。边界量全部确定后可按需要计算任意内点的物理量,而且边界点的位移和面力计算值可以达到很高的同阶计算精度。边界积分方程中已选用适用于无限域的基本解,这使得边界元法应用于无限域和奇异场的情况十分方便。另外,边界元法具有降维的特点,使待解量压缩到较小的规模,数据前后处理也特别方便。尽管边界元法对一些问题存在寻找基本解的困难,非稀疏性系数矩阵也给数值计算增添了一定的麻烦,但这些都在被逐渐克服(Wang Haitao,2004[168])。近些年来,边界元法一直是数值计算方法研究的热点之一。

### 1.4.2　边界元法的发展

边界元法的理论研究已经有一百多年的历史。早在 1848 年,Kelvin 求解了集中力作用于无限大物体的弹性力学基本解,被称为 Kelvin 基本解。1872 年 Betti 提出了功的互等原理。1885 年 Somigliana 对 Kelvin 基本解和待求解应用 Betti 互等定理,得到了用边界位移和面力表示内点位移的边界积分公式。1903 年 Fredholm 提出了积分方程的离散化技术,这些成果便是现代边界元法的早期理论基础。但在此后的相当长时间里,由于计算技术的局限,边界积分方程求解路径没有引起人们的兴趣。

直到上世纪 50 年代,随着计算机的应用,同时受有限元法的启发与推动,边界元法才逐渐引起了人们的重视。Muskhelishvili(1953)[169] 将积分方程方法用于结构力学分析。Kellogg (1953)[170] 用积分方程方法求解 Laplace 问题。Jaswon 和 Ponter(1963)[171] 利用翘曲函数数值求解了弹性杆扭转问题的抗扭刚度和边界剪应力。Rizzo(1967)[172] 运用 Betti-Somigliana 公式建立了弹性静力学问题的边界积分公式,指出了边界位移和面力的函数关系,开拓了边界积分方程法在二维弹性力学领域的应用。随后,Cruse (1969)[173] 将边界积分方程法推广到三维弹性力学领域、断裂力学领域 (Cruse 等,1971[174])和弹塑性力学问题(Swedlow and Cruse,1971[175]),在文[175]中还给出了明确的"边界积分方程法"这一命名。Brebbia(1977)[176]第一次创造性地采用了"边界元法"这一名称,并编写了第一本关于边界元法的专著(Brebbia,1978[177]),提出了如何用加权余量法来建立边界积分方程,并系统地研究了边界元法与其他数值方法在方法上的内在联系,确立了边界元法作为一种数值方法的地位。

经过 40 余年的发展,边界元法已经被成功运用到固体力学、流体力学、电磁学、声学等学科(Du Qinghua 等,1986[178];Cruse,1987[179]),遍及土建、机械、电子、航天、核能等工程部门。边界元法的应用领域不断扩大,在理论不断发展和完善的同时,边界元法的新技术也不断涌现。

YX Mukherjee 和 S Mukherjee 等(1997[180],1998[181])开创了一类新的边界元法,称为边界轮廓法,已应用于位势和弹性力学问题,且作了误差分析。全特解场法(边界点法)(王有成等,1994[182])是以域外点源的基本解来构造求解代数方程系数矩阵的,是一种有特色的边界元技术。张见明和姚振汉等(2002)[183]等提出了一种类似边界型无网格法,称为杂交边界点法。余德浩(2004)[184]由 Green 函数和 Green 公式出发,将微分方程边值问题归化为边界上的超奇异积分方程,然后化成相应的变化形式,在边界上作离散化求解,这种方法称为自然边界元法。特解边界元法(刘朝霞等,2001[185])是用非齐次方程特解将原含有域内积分的边界积分方程转化为仅有边界积分的形式。Nakagiri 等(1993)[186]利用摄动技术推导了随机边界元法,但他只考虑了边界的随机摄动。Ren 等(1993)[187]利用一阶泰勒展开,研究了弹性力学的随机边界积分方程,考虑了材料常数以及几何边界的随机性。Hironobu(1968)[188]提出了一种按集中力解的叠加来分析弹性问题的方法,称为体积力法,这种方法对求解应力集中和裂纹问题非常有效,尽管这种方法的基本出发点与一般边界元法不同,但最后依然归结为对边界积分方程进行离散求解,后来被认为是边界元法大家族的一员。另外,还有 Galerkin 边界元法(Bonnet 等,1998[189])、复变量边界元法(Theodore 等,1984[190])、杂交边界元法(Pin Lu 等,1993[191])、对偶边界元法(JT Chen 等,1999[192])、对偶互逆边界元法(Brebbia 等,1983[193])、自适应边界元法(Partheymuller P 等,1994[194])等。

纵观这 40 多年的发展历史,边界元法受到了有限元法和其他数值方法的启发与推动,但边界元法的发展也因与有限元法等的竞争而受到制约。边界元法目前的定位是除有限元法外最重要的一种有效的数值分析方法。为了推动边界元法的继续发展,除了研究新的理论、方法以外,要充分发挥边界元法的优势,并推广应用。

### 1.4.3 边界元法中的几乎奇异积分问题

从加权余量的思想来看,一般的边界元法,主要是用奇异基本解作权函数。以奇异解作权函数的好处在于,所形成的代数方程组具有主对角优势,以利于离散的代数方程组是良态的,另外还适用于处理无限域和奇异场的问题。但当源点趋于场点时,基本解是奇异的,因而边界积分方程中存在奇异积分。若场点与源点重合,这类奇异积分可以通过域外法或内点法化为主值积分来处理(YJ Liu,1998[195])。若源点靠近场点却不与场点重合时,会产生几乎奇异积分,也称近奇异积分。在几乎奇异积分问题未获处理以前,边界元法被认为只能分析"土豆型"的物体,而不能分析狭长或扁平的物体。几乎奇异积分计算难题是限制边界元法应用的原因之一(YJ Liu,2000[196])。

目前,处理几乎奇异积分的办法大致可以分为 3 类。

第 1 类是间接处理的方法。Jin WG 等(1991)[197]放弃用奇异解作为权函数,用微分方程完备解系作权函数,建立了新的边界元法,称为 Trefftz 法。这种方法已用于分析位势问题和弹性静动力学问题。王有成等(1994)[182]提出使用原微分方程的特解场法,间接地计算出近边界点超奇异积分。陈海波等(1998)[198]通过先计算边界附近的位移,然后用刚体位移法间接确定了几乎奇异积分。级数解边界元法则是用齐次方程的级数解作权函数,用边界结点量的插值函数来模拟边界量的变化,避开了试探函数。Sladek(1992[199],1993[200])用插值和微分关系求出边界上与源点最靠近的点上位移和位移导数,以此代入积分方程中作为邻近源点位移和应力的基数,在积分核中扣除基数后转化为规则积分。这些方法都避免了奇异积分。

第 2 类是采用降低奇性阶次的办法。N Ghosh(1986)[201]对线弹性平面问题导出了一组新的边界积分方程,以位移沿边界的切向导数取代位移作为边界量,使得积分方程中核函数的奇异性降低为弱奇性。牛忠荣等(2001)[202]从二维弹性力学位移导数边界积分方程出发,通过适当组合和分部积分构造出一个新的导数边界积分方程,仅含强奇异积分。在此基础之上继续推导获得了仅含几乎强奇异积分的应力自然边界积分方程(牛忠荣和程长征等,2007[203]),并推广到弹性力学多域系统(程长征等,2007[204])和热弹性力学问题中(程长征等,2007[205]),后又拓展到位势问题(Niu Zhongrong 等,2004[206])和弹塑性问题(滕海龙等,2003[207])中,这些方程的奇异性较常规方程均降低一阶。牛忠荣等(2004)[208]阐述了弹性理论中若干类导数边界积分方程之间的变换关系。

第 3 类是运用半解析或解析方法计算几乎奇异积分。JF Luo 等(1998)[209]对二维问题,将几乎奇异积分转化为单元首末节点的解析函数,剩下的几乎弱奇异积分采用非线性变换后,用常规高斯积分计算。JJ Granados 等(2001)[210]采用复平面正则化方法,对二维应力边界积分方程积分核函数进行处理,将几乎强和超奇异积分函数转化,其正则化部分采用常规高斯积分计算,奇异部分是较简单的形式,采用解析方法求解。牛忠荣等(2001[211],2004[212],2007[213])采用分部积分法,得到了二维边界元法几乎奇异积分的半解析和完全解析积分公式,后又推广到二维各向同性位势(周焕林等,2003[214,215])和正交各向异性位势(周焕林等,2005[216],2007[217])中,并用于地下水渗流分析,求解了近坝基面渗流参量(程长征等,2006[218])。J Milroy 等(1997)[219]将三维弹性力学边界元法中的奇异面积分转化为线积分和非奇异面积分,非奇异面积分采用数值积分。用同样的方法,K Davey 等(1999)[220]对弹性动力学边界元法中的几乎强奇异积分给出了解析积分法,但均没处理几乎超奇异面积分。牛忠荣等(2004[221],2005[222])对三维弹性力学问题几乎奇异积分提出了一种通用的半解析正则化算法,后被推广到三维位势边界元法(周焕林等,2005[223])和边界元法分析三维薄形层合结构中(程长征等,2007[224])。

# 1.5 论文的研究目的、意义和内容

## 1.5.1 研究目的

本文致力于边界元法在涂层结构和含 V 形切口结构中的应用研究。边界元法分析涂层结构能充分发挥其精度高计算量小的优点,但几乎奇异积分的计算难题限制了边界元法在涂层结构中的应用。研究涂层结构边界元法中几乎奇异积分的处理,将有助于边界元法精确分析涂层结构的温度场、位移场和应力场。为使边界元法可以准确计算离结构边界更近的内点应力值,要对常规应力边界积分方程中几乎超奇异积分的阶次进行降阶处理,降低积分核中分母的幂次,使数值计算能获得更高的精度。V 形切口应力奇性指数和应力强度因子是反映切口奇异性强弱的两个重要指标。由于切口尖端附近存在多重应力奇异性并存的现象,解析分析非常困难,本课题研究使用边界元方法来获取这两个指标,并准确求解出切口尖端附近的奇异应力场,为评价切口强度提供依据。

### 1.5.2　研究意义

长期以来,几乎奇异积分计算难题阻碍了边界元法在涂层结构中的应用,使得边界元法的优势没有体现出来。本课题研究涂层结构中几乎奇异积分的计算,使得边界元法可以成功分析涂层结构,展现边界元法优势。

同位移边界积分方程相比,应力边界积分方程中奇异积分的阶次更高,具有几乎超奇异性。即使将几乎超奇异积分化为解析算法,但由于解析公式中分母的幂次过高,数值分析时受计算机字节长度限制,不能计算离边界很近的内点应力。本课题将应力边界积分方程中的几乎超奇异积分降为几乎强奇异积分,再用解析方法计算之,由于奇异性阶次降低了一阶,则积分的解析算式中分母的幂次降低了两次,从而使边界元法可以计算离边界更近的内点的应力值。

常规的有限元法和边界元法分析切口问题时,是使用在切口尖端附近布置细密单元来模拟 V 形切口的奇异应力场,然后通过外推法获取应力强度因子,然而这类途径以显著增加的计算量来获得切口尖端处应力场的精度,其收效甚微,因为细分单元不能真实反映切口尖端的应力奇异性。本课题首次提出将 V 形切口尖端的位移和面力按级数渐近展开,然后配合常规的边界元法求解出各展开项的组合系数,可准确求解切口尖端的各阶应力奇性指数和应力强度因子,并获得含切口结构域内完整的应力场。本文创立的边界元法分析 V 形切口新技术,真正集中了多个应力奇异项的贡献,而相对其他数值分析 V 形切口技术而言,计算量和离散误差都很小,计算精度高。

### 1.5.3　研究内容

本课题围绕边界元法的理论研究与应用,开展了涂层结构温度场和涂层结构强度的边界元法分析研究,弹性力学和热弹性力学边界元法中几乎超奇异积分的降阶和解析算法研究,以及 V 形切口奇异应力场的边界元法分析研究等几方面的工作。论文的主要内容如下:

1)将位势边界元法中几乎奇异积分的解析算法推广到多域系统,使得边界元法可以成功分析涂层结构的温度场,计算了各向同性和正交各向异性涂层结构内的温度场和温度梯度场分布。

2)在二维涂层结构弹性力学边界元法中引入几乎奇异积分的正则化算法,来分析涂层结构内的应力场和位移场。计算了赫兹压力下涂层构件内的应力分布,探讨了涂层厚度和涂层/基体弹性模量比对涂层结构表面层应力的影响。用边界元法分析了浅表面裂纹的应力强度因子和碳纤维布加固钢结构的强度。

3)研究了三维薄形层合结构边界元法中几乎奇异积分的半解析算法。该算法使得边界元法不仅可以计算更加靠近边界的各层内点力学参量,并且能分析层厚更薄的三维层合结构的位移场和应力场。

4)研究了常规应力边界积分方程中几乎超奇异积分的降阶,推导了仅含几乎强奇异积分的自然应力边界积分方程,再对其施以解析化算法,可以计算离边界更近的内点应力值。后又将该方法推广到热弹性力学和弹性力学多域边界元法中。

5)基于线弹性力学理论,将 V 形切口尖端的位移和面力按级数渐近展开,后代入到常规的边界元法中,离散后转换成关于切口奇性指数的特征值问题,利用 QR 法一次性地求解获得了 V 形切口的多阶应力奇性指数。

6)将 V 形切口结构分成围绕切口尖端的小扇形和剩余结构两部分。小扇形弧线边界上的位移和面力用有限个奇性指数和相应特征角函数的线性组合表示,并用边界元法分析挖去小扇形后的剩余结构,建立其边界积分方程。将位移和面力线性组合与边界积分方程联立,可准确求解出含切口结构域内的位移场和应力场,并可同时获得 V 形切口的多阶应力强度因子。随后,该法被推广到粘结材料 V 形切口尖端附近奇异应力场分析及多重应力强度因子的计算。

综上所述,本课题主要研究边界元法在涂层结构和 V 形切口问题中的应用,具有较深的理论意义,并拓展了边界元法的应用领域。

# 第2章 二维涂层结构温度场边界元法分析

## 2.1 引　言

在现代工程应用中,经常使用隔热涂层材料对基体进行隔热保护,以提高基体的机械性能和使用寿命(Fang Du,2001[36])。对于复杂的温度场环境,涂层构件不仅沿厚度方向存在较大温差,而且在纵平面内温度的分布也极不均匀。涂层构件中涂层与基体之间热膨胀不一致产生的温度应力会导致涂层失效,因此如何准确地计算出涂层部件的温度场就成为涂层结构强度寿命分析的关键(杨晓光等,1997[225])。

涂层结构由于涂层厚度较薄,其温度场的计算是数值分析的难点。有限元法在分析带涂层类薄壁构件时,要求单元不同方向的尺寸不能悬殊太大,必须细分单元,导致计算工作量剧增(Chen BF,2000[226])。采用边界元法分析时,仅需在结构的边界上划分单元,大大减少了工作量。然而,由于涂层上下边界之间非常靠近,常规边界元法在计算涂层边界未知量时就遇到了几乎奇异积分的计算障碍,计算精度随着涂层厚度的减小而降低,更加难以准确计算出涂层内点的温度参量。

目前,处理边界元几乎奇异积分问题的方法有坐标变换法(Cruse等,1993[227])、连续法(Dan Rosen等,1996[228])等,且仅能解决域内近边界点的几乎奇异积分问题,不能处理涂层类薄体结构引起的边界点的几乎奇异积分问题。针对这一难题,牛忠荣等(2001)[81]采用分部积分的办法导出了一种计算几乎奇异积分的解析算法,后又将其应用到位势问题中解决了薄体位势边界元法中出现的几乎奇异积分难题（周焕林等,2003[229]）。

对涂层结构的温度场分析,本章采用多域边界元法,将基体和涂层分成不同的子域。计算边界未知量时,在基体域中运用普通的高斯积分,在涂层域中运用解析算法直接计算涂层温度场边界元法中的几乎奇异积分,从而可以成功算出涂层结构所有的边界未知量。在分析内点的温度和温度梯度时,若遇到几乎奇异积分也采用解析算法,从而可以利用边界元法获得涂层结构中的温度场。

## 2.2 正交各向异性涂层构件温度场边界元法

### 2.2.1 正交各向异性介质温度场边界元法

当涂层构件各层为正交各向异性材料时,材料热传导系数具有方向性,见图 2-1 所示。设 $k_1$、$k_2$ 为正交各向异性材料 $y_1$、$y_2$ 方向的导热系数。

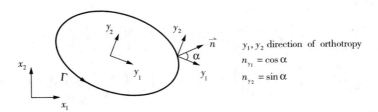

图 2-1 正交各向异性材料定义

对于稳态的正交各向异性二维温度场问题,常规边界积分方程为:

$$C(\eta)u(\eta) = \int_{\Gamma} u^*(\eta,x)q(x)\mathrm{d}\Gamma(x) - \int_{\Gamma} q^*(\eta,x)u(x)\mathrm{d}\Gamma(x) \qquad (2-1)$$

其中 $\eta$ 为源点,$x$ 为场点,$u(x)$ 和 $q(x)$ 分别为场点的温度和热流。奇性系数 $C(\eta) = \varphi/2\pi$,$\varphi$ 为边界 $\Gamma$ 在 $\eta$ 处的内张角,$C(\eta)$ 对光滑边界为 $1/2$,对内点为 1。式(2-1)中 $u^*(\eta,x)$ 为温度控制方程的基本解,其表达式为:

$$u^*(\eta,x) = \frac{1}{2\pi\sqrt{k_1 k_2}}\ln\frac{1}{r(\eta,x)} \qquad (2-2)$$

设 $y_1(\eta)$、$y_2(\eta)$ 为源点 $\eta$ 的坐标分量,$y_1(x)$、$y_2(x)$ 为场点 $x$ 的坐标分量,式(2-2)中 $r$ 可表达为:

$$r(\eta,x) = \sqrt{[y_1(\eta)-y_1(x)]^2/k_1 + [y_2(\eta)-y_2(x)]^2/k_2} \quad (2-3)$$

以 $n_{y_1}$、$n_{y_2}$ 表示边界 $\Gamma$ 外法向 $\vec{n}$ 在 $y_1$、$y_2$ 方向上的方向余弦,式(2-1)中温度梯度基本解为:

$$q^*(\eta,x) = k_1 \frac{\partial u^*(\eta,x)}{\partial y_1(x)} n_{y_1} + k_2 \frac{\partial u^*(\eta,x)}{\partial y_2(x)} n_{y_2} \quad (2-4)$$

若 $\eta$ 为内点,那么式(2-1)中的 $C(\eta)=1$,就可以得到内点温度边界积分方程:

$$u(\eta) = \int_\Gamma u^*(\eta,x)q(x)\mathrm{d}\Gamma(x) - \int_\Gamma q^*(\eta,x)u(x)\mathrm{d}\Gamma(x) \quad (2-5)$$

将方程(2-5)对内点(源点)$\eta$ 坐标求导,可求得内点 $\eta$ 在 $y_1$、$y_2$ 两方向的温度梯度分量:

$$q_{y_1}(\eta) = \frac{\partial u(\eta)}{\partial y_1(\eta)} = \int_\Gamma \frac{\partial u^*(\eta,x)}{\partial y_1(\eta)} q(x)\mathrm{d}\Gamma(x) - \int_\Gamma \frac{\partial q^*(\eta,x)}{\partial y_1(\eta)} u(x)\mathrm{d}\Gamma(x) \quad (2-6a)$$

$$q_{y_2}(\eta) = \frac{\partial u(\eta)}{\partial y_2(\eta)} = \int_\Gamma \frac{\partial u^*(\eta,x)}{\partial y_2(\eta)} q(x)\mathrm{d}\Gamma(x) - \int_\Gamma \frac{\partial q^*(\eta,x)}{\partial y_2(\eta)} u(x)\mathrm{d}\Gamma(x) \quad (2-6b)$$

则边界温度梯度,也即热流为:

$$q = k_1 \frac{\partial u}{\partial y_1} n_{y_1} + k_2 \frac{\partial u}{\partial y_2} n_{y_2} = k_1 q_{y_1} n_{y_1} + k_2 q_{y_2} n_{y_2} \quad (2-6c)$$

### 2.2.2　涂层构件边界元法

对于涂层结构,不失一般性,将其分成基体 $\Omega^1$ 和涂层 $\Omega^2$ 两个子域,其热传导率分别为 $k_1$、$k_2$ 和 $k'_1$、$k'_2$,见图 2-2 所示。假设在基体 $\Omega^1$ 上,$u^1$、$q^1$ 分别为外部边界 $\Gamma^1$ 上节点的温度和热流,$u_1^1$、$q_1^1$ 为界面 $\Gamma_1$ 上节点的温度和热流;类似地,设在涂层 $\Omega^2$ 上,$u^2$、$q^2$ 为外部边界 $\Gamma^2$ 上节点的温度和热流,$u_1^2$、$q_1^2$ 为界面 $\Gamma_1$ 上节点的温度和热流。

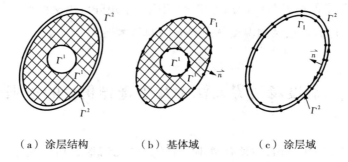

（a）涂层结构　　　（b）基体域　　　（c）涂层域

图 2 - 2　涂层结构分两子域划分单元

在基体域 $\Omega^1$ 上建立边界积分方程（2－1），离散后可以写为如下的矩阵形式：

$$\begin{bmatrix} H^1 & H_\mathrm{I}^1 \end{bmatrix} \begin{Bmatrix} u^1 \\ u_\mathrm{I}^1 \end{Bmatrix} = \begin{bmatrix} G^1 & G_\mathrm{I}^1 \end{bmatrix} \begin{Bmatrix} q^1 \\ q_\mathrm{I}^1 \end{Bmatrix} \qquad (2-7)$$

其中，$H^1$、$H_\mathrm{I}^1$ 为基体边界 $\Gamma^1$ 和 $\Gamma_\mathrm{I}$ 上温度对应的系数阵，$G^1$、$G_\mathrm{I}^1$ 为基体边界 $\Gamma^1$ 和 $\Gamma_\mathrm{I}$ 上热流对应的系数阵。在涂层域 $\Omega^2$ 上建立边界积分方程（2－1），离散后写成：

$$\begin{bmatrix} H^2 & H_\mathrm{I}^2 \end{bmatrix} \begin{Bmatrix} u^2 \\ u_\mathrm{I}^2 \end{Bmatrix} = \begin{bmatrix} G^2 & G_\mathrm{I}^2 \end{bmatrix} \begin{Bmatrix} q^2 \\ q_\mathrm{I}^2 \end{Bmatrix} \qquad (2-8)$$

其中，$H^2$、$H_\mathrm{I}^2$ 为涂层边界 $\Gamma^2$ 和 $\Gamma_\mathrm{I}$ 上温度对应的系数阵，$G^2$、$G_\mathrm{I}^2$ 为涂层边界 $\Gamma^2$ 和 $\Gamma_\mathrm{I}$ 上热流对应的系数阵。

在 $\Omega^1$ 和 $\Omega^2$ 之间的界面 $\Gamma_\mathrm{I}$ 上，温度和热流必须分别满足协调条件

$$\begin{aligned} u_\mathrm{I}^1 &= u_\mathrm{I}^2 = u_\mathrm{I} \\ q_\mathrm{I}^1 &= -q_\mathrm{I}^2 = q_\mathrm{I} \end{aligned} \qquad (2-9)$$

将式（2－7）和（2－8）利用协调条件（2－9）组合在一起，并注意到界面 $\Gamma_\mathrm{I}$ 上的温度 $u_\mathrm{I}$ 和热流 $q_\mathrm{I}$ 都是未知的，可以形成下列方程组：

$$\begin{bmatrix} H^1 & H_\mathrm{I}^1 & -G_\mathrm{I}^1 & 0 \\ 0 & H_\mathrm{I}^2 & G_\mathrm{I}^2 & H^2 \end{bmatrix} \begin{Bmatrix} u^1 \\ u_\mathrm{I} \\ q_\mathrm{I} \\ u^2 \end{Bmatrix} = \begin{bmatrix} G^1 & 0 \\ 0 & G^2 \end{bmatrix} \begin{Bmatrix} q^1 \\ q^2 \end{Bmatrix} \qquad (2-10)$$

根据给定的边界条件,与 $\Gamma^1$ 和 $\Gamma^2$ 相应的子矩阵可以交换他们的位置。式(2-10)即为涂层结构温度场边界元法的基本列式。

## 2.3 温度场边界元法中几乎奇异积分的正则化

在对式(2-1)进行数值计算时,对单元的几何形状和物理量作线性插值,将 $r$ 表达为局部坐标 $\xi$ 的二次多项式:

$$r^2 = [y_1(\eta) - y_1(x)]^2/k_1 + [y_2(\eta) - y_2(x)]^2/k_2 = a\xi^2 + b\xi + c \quad (2-11)$$

其中 $a$、$b$、$c$ 为仅与源点坐标、单元首末节点坐标以及导热系数有关的常数。为简洁,以下阐述时略写常系数 $1/(2\pi\sqrt{k_1 k_2})$。

若以 $N(\xi)$ 表示线性插值形函数、$J$ 表示坐标变换的雅可比,则计算内点温度时,离散的积分式(2-5)包含下列积分形式:

$$\int u^* N(\xi) J \mathrm{d}\xi = \left(-\frac{s}{4}\right)\left[\int_{-1}^{1} \ln r(1 \mp \xi)\mathrm{d}\xi\right] \quad (2-12)$$

$$\int q^* N(\xi) J \mathrm{d}\xi = \frac{g}{4}\left[\int_{-1}^{1} \frac{(1 \mp \xi)}{r^2}\mathrm{d}\xi\right] \quad (2-13)$$

计算内点温度梯度时,离散的积分式(2-6)包含下列积分形式:

$$\int \frac{\partial u^*(\eta, x)}{\partial y_1(\eta)} N(\xi) J \mathrm{d}\xi = \frac{s}{4k_1}\left[\int_{-1}^{1} \frac{(d_2 + e_2\xi)(1 \mp \xi)}{r^2}\mathrm{d}\xi\right] \quad (2-14)$$

$$\int \frac{\partial u^*(\eta, x)}{\partial y_2(\eta)} N(\xi) J \mathrm{d}\xi = \frac{s}{4k_2}\left[\int_{-1}^{1} \frac{(d_3 + e_3\xi)(1 \mp \xi)}{r^2}\mathrm{d}\xi\right] \quad (2-15)$$

$$\int \frac{\partial q^*(\eta, x)}{\partial y_1(\eta)} N(\xi) J \mathrm{d}\xi = \frac{g}{2k_1}\left[\int_{-1}^{1} \frac{(d_2 + e_2\xi)(1 \mp \xi)}{r^4}\mathrm{d}\xi\right] + \left(\frac{s}{4}n_{y_1}\right)\left[\int_{-1}^{1} \frac{1 \mp \xi}{r^2}\mathrm{d}\xi\right] \quad (2-16)$$

$$\int \frac{\partial q^*(\eta, x)}{\partial y_2(\eta)} N(\xi) J \mathrm{d}\xi = \frac{g}{2k_2}\left[\int_{-1}^{1} \frac{(d_3 + e_3\xi)(1 \mp \xi)}{r^4}\mathrm{d}\xi\right] + \left(\frac{s}{4}n_{y_2}\right)\left[\int_{-1}^{1} \frac{1 \mp \xi}{r^2}\mathrm{d}\xi\right] \quad (2-17)$$

式(2-12 ~ 2-17)中的 $s$、$g$、$d_2$、$e_2$、$d_3$、$e_3$ 均为常数[216]。

边界元法分析涂层结构中的涂层域时,某边界节点通常和其对边上单元的距离趋近于零,即 $r \to 0$,导致积分式(2-12 ~ 2-17)含有不同程度的几乎奇异性,常规高斯积分计算将失效。

经观察发现,式(2-12)的积分模型为:

$$I_0 = \int_{-1}^{1} \ln r (1 \mp \xi) \mathrm{d}\xi \tag{2-18a}$$

式(2-13～2-15)和式(2-16～2-17)等号右边第二项积分的模型为:

$$I_1 = \int_{-1}^{1} \frac{a_1 \xi^2 + b_1 \xi + c_1}{r^2} \mathrm{d}\xi \tag{2-18b}$$

式(2-16～2-17)等号右边第一项积分的模型为:

$$I_2 = \int_{-1}^{1} \frac{a_2 \xi^2 + b_2 \xi + c_2}{r^4} \mathrm{d}\xi \tag{2-18c}$$

其中,$r^2$ 的表达式见式(2-11),$r$ 类似于弹性力学边界元法中源点到场点的距离,$\xi$ 为局部坐标,$a_1$、$b_1$、$c_1$ 和 $a_2$、$b_2$、$c_2$ 为与源点坐标和被积单元节点坐标有关的常数。随着涂层厚度的逐渐减小,$r$ 趋近于零,在数值计算式(2-18)时,$I_0$ 存在几乎弱奇异性,$I_1$、$I_2$ 分别存在几乎强、超奇异性。常规高斯积分方法在计算这些积分时,随着涂层厚度的逐渐减小将渐渐失效。

文[216]推导出了计算积分 $I_0$、$I_1$ 和 $I_2$ 的完全解析公式:

$$I_0 = \int_{-1}^{1} (1 \mp \xi) \ln r \mathrm{d}\xi =$$

$$\left\{ \frac{(-4a \mp b)\xi}{4a} \pm \frac{\xi^2}{4} + \left[ (-2ab^2 \mp b^3 + 8a^2 c \pm 4abc) \arctan\left( \frac{b+2a\xi}{\sqrt{-b^2+4ac}} \right) \right] \right/$$

$$(4a^2 \sqrt{-b^2+4ac}) \mp \frac{1}{2}(\mp 2 + \xi)\xi \ln(\sqrt{a\xi^2 + b\xi + c}) +$$

$$(2ab \pm b^2 \mp 2ac)\ln(a\xi^2 + b\xi + c)/(8a^2) \} \Big|_{\xi=-1}^{1} \tag{2-19a}$$

$$I_1 = \int_{-1}^{1} \frac{a_1 \xi^2 + b_1 \xi + c_1}{r^2} \mathrm{d}\xi =$$

$$\left\{ \frac{a_1 \xi}{a} + \frac{(-a_1 b + ab_1)\ln(a\xi^2 + b\xi + c)}{2a^2} + \left[ (b^2 a_1 - 2aca_1 - \right. \right.$$

$$abb_1 + 2a^2 c_1) \arctan\left( \frac{b+2a\xi}{\sqrt{-b^2+4ac}} \right) \left] / (a^2 \sqrt{-b^2+4ac}) \right\} \Big|_{\xi=-1}^{1} \tag{2-19b}$$

$$I_2 = \int_{-1}^{1} \frac{a_2 \xi^2 + b_2 \xi + c_2}{r^4} \mathrm{d}\xi =$$

$$\left\{\left[2(-2ca_2 + bb_2 - 2ac_2)\arctan\left(\frac{b+2a\xi}{\sqrt{-b^2+4ac}}\right)\right]/\left[(b^2-4ac)\sqrt{-b^2+4ac}\right]\right.$$

$$+ (bca_2 + b^2\xi a_2 - 2ac\xi a_2 - 2acb_2 - ab\xi b_2 + abc_2 + 2a^2\xi c_2)/[a(-b^2+4ac)$$

$$\left.\left.(a\xi^2 + b\xi + c)\right]\right\}\Bigg|_{\xi=-1}^{1} \qquad (2-19\text{c})$$

从而，式(2-18)中的几乎奇异积分可由式(2-19)代数运算出来，无需数值积分。至此，正交各向异性温度场边界元法中几乎奇异积分可实现完全解析计算。

## 2.4 数值算例

### 2.4.1 各向同性涂层构件温度场算例

各向同性涂层构件温度场的计算是正交各向异性涂层构件温度场计算的一种特例，仅需在正交各向异性涂层结构温度场边界元法中令各个子域 $y_1$、$y_2$ 的两个正交方向的导热系数 $k_1$、$k_2$ 相等，即令 $k_1 = k_2 = k$。

**例 2.1　方形板各向同性涂层构件热流问题**

如图 2-3 所示正方形方板，边长 $a=6\text{m}$，涂层厚度为 $b$。涂层的导热系数为 $k=1\text{W/m}\cdot{}^{\circ}\text{C}$，基体的导热系数为 $k'=2\text{W/m}\cdot{}^{\circ}\text{C}$。已知 $y_1=0$ 和 $y_1=6\text{m}$ 边界绝热；$y_2=0$ 边的温度为 $0{}^{\circ}\text{C}$，$y_2=6\text{m}$ 边的温度为 $300{}^{\circ}\text{C}$。

边界元法在涂层和基体的上下边界分别划分 12 个均匀线性单元，左右边界各划分 6 个均匀线性单元。计算时让 $a$ 保持不变，而令涂层的厚度 $b$ 由大渐渐减小，本例定义 $b/a$ 为狭长比，并计算了不同狭长比时涂层右边界中点 $A$ 处的温度和上边界中点 $B$ 处的热流，以及涂层内点 $C[a/2, (a-b/2)]$ 处

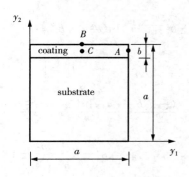

图 2-3　正方形各向同性涂层构件热流

的温度和热流。

表 2-1 给出了涂层边界点 $A$ 的温度和点 $B$ 的热流计算结果,表 2-2 给出了涂层内点 $C$ 的温度和热流计算结果。本章所有算例中常规解指直接采用普通高斯积分计算几乎奇异积分式(2-18)得到的结果,本文解指采用全解析积分公式(2-19)计算几乎奇异积分式(2-18)得到的结果。

从表 2-1 可以看出在计算涂层边界点的温度和热流时,狭长比在 $1.0e-4$ 时常规方法计算结果开始失效,而本文方法在狭长比达到 $1.0e-8$ 时,计算精度都仍然很高。由表 2-2 可见,在计算内点温度时,本文方法较常规方法将狭长比降低了 6 个数量级,计算内点热流时也降低了 4 个数量级。

表 2-1 涂层边界点 $A$ 的温度和点 $B$ 的热流

| 狭长比 | $A$ 点温度(℃) | | | $B$ 点热流(W/m²) | | |
|---|---|---|---|---|---|---|
| $b/a$ | 常规解 | 本文解 | 精确解 | 常规解 | 本文解 | 精确解 |
| $2.0e-1$ | 250.0000 | 250.0000 | 250.0000 | 83.3333 | 83.3333 | 83.3333 |
| $1.0e-1$ | 272.7271 | 272.7273 | 272.7273 | 90.9092 | 90.9091 | 90.9091 |
| $1.0e-2$ | 297.1788 | 297.0297 | 297.0297 | 99.1088 | 99.0099 | 99.0099 |
| $1.0e-3$ | 298.2239 | 299.7003 | 299.7003 | 98.9189 | 99.9001 | 99.9001 |
| $1.0e-4$ | 285.4921 | 299.9700 | 299.9700 | 90.3753 | 99.9900 | 99.9900 |
| $1.0e-5$ | 222.4831 | 299.9970 | 299.9970 | × | 99.9990 | 99.9990 |
| $1.0e-6$ | × | 299.9997 | 299.9997 | × | 99.9999 | 99.9999 |
| $1.0e-7$ | × | 300.0000 | 300.0000 | × | 100.0000 | 100.0000 |
| $1.0e-8$ | × | 300.0000 | 300.0000 | × | 100.0000 | 100.0000 |

表 2-2 涂层内点 $C$ 的温度和热流

| 狭长比 | 温度(℃) | | | 热流(W/m²) | | |
|---|---|---|---|---|---|---|
| $b/a$ | 常规解 | 本文解 | 精确解 | 常规解 | 本文解 | 精确解 |
| $2.0e-1$ | 250.0003 | 250.0000 | 250.0000 | 83.3340 | 83.3334 | 83.3333 |
| $1.0e-1$ | 272.7092 | 272.7273 | 272.7273 | 90.8468 | 90.9091 | 90.9091 |
| $1.0e-2$ | 226.2876 | 295.0495 | 297.0297 | × | 99.0097 | 99.0099 |

（续表）

| 狭长比 | 温度（℃） | | | 热流（W/m²） | | |
|---|---|---|---|---|---|---|
| $1.0e-3$ | × | 299.5005 | 299.7003 | × | 99.9001 | 99.9001 |
| $1.0e-4$ | × | 299.9500 | 299.9700 | × | 99.9892 | 99.9900 |
| $1.0e-5$ | × | 299.9950 | 299.997 | × | 99.1544 | 99.9990 |
| $1.0e-6$ | × | 299.9553 | 299.9997 | × | × | 99.9999 |
| $1.0e-7$ | × | 299.9575 | 300.0000 | × | × | 100.0000 |
| $1.0e-8$ | × | 289.5260 | 300.0000 | × | × | 100.0000 |

**例 2.2    圆环形各向同性涂层构件热流问题**

如图 2-4a 所示，内环为基体，外环为涂层。基体内径为 $r_1 = 10$m，外径为 $r_2 = 11$m，涂层外径为 $r_3$。已知基体内表面温度为 10℃，涂层外表面温度为 20℃。基体导热率为 $k = 1$W/m·℃，涂层的导热率为 $k' = 2$W/m·℃。

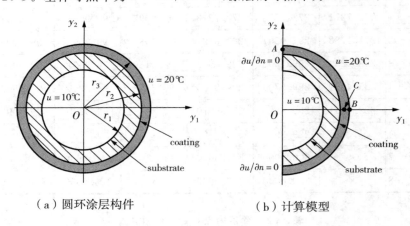

（a）圆环涂层构件　　　　　　（b）计算模型

图 2-4    圆环形各向同性涂层构件热流

根据对称性，取结构的一半进行研究，如图 2-4b。边界元法在弧线边界均分别划分 96 个线性单元，直线边界均分别划分 10 个线性单元，共计 424 个线性单元。

本算例定义 $(r_3 - r_2)/r_1$ 为层厚比。计算时保持基体内径 $r_1 = 10$m 和外径 $r_2 = 11$m 的值不变，令层厚比随着涂层厚度 $(r_3 - r_2)$ 的减小而减小，选取在不同层厚比时边界点 $A(0, [r_2 + r_3]/2]$ 和 $B(r_3, 0)$ 的未知参量计算结果列于表 2-3,以及内点 $C[(r_2 + r_3)/2, 0]$ 的物理量计算值列于表 2-4。对不同层厚比计算时所用的单元网格划分不变。

表 2-3　不同层厚比时 $A$ 点的温度和 $B$ 点的热流

| 层厚比 | $A$ 点温度(℃) | | | $B$ 点热流(W/m²) | | |
|---|---|---|---|---|---|---|
| | 常规解 | 本文解 | 精确解 | 常规解 | 本文解 | 精确解 |
| $1.0e-1$ | 18.4675 | 18.4675 | 18.4670 | 6.0037 | 6.0037 | 6.0032 |
| $1.0e-2$ | 19.7746 | 19.7744 | 19.7739 | 9.0244 | 9.0247 | 9.0239 |
| $1.0e-3$ | 19.9601 | 19.9764 | 19.9763 | 9.4563 | 9.4851 | 9.4844 |
| $1.0e-4$ | 19.7617 | 19.9976 | 19.9976 | 9.1196 | 9.5335 | 9.5328 |
| $1.0e-5$ | 17.8139 | 19.9998 | 19.9998 | × | 9.5383 | 9.5377 |
| $1.0e-6$ | × | 20.0000 | 20.0000 | × | 9.5388 | 9.5382 |
| $1.0e-7$ | × | 20.0000 | 20.0000 | × | 9.5389 | 9.5382 |
| $1.0e-8$ | × | 20.0000 | 20.0000 | × | 9.5389 | 9.5382 |
| $1.0e-9$ | × | 20.0000 | 20.0000 | × | 9.5389 | 9.5382 |

表 2-4　不同层厚比时内点 $C$ 的物理量计算结果

| 层厚比 | 温度(℃) | | | $y_1$ 方向热流(W/m²) | | |
|---|---|---|---|---|---|---|
| | 常规解 | 本文解 | 精确解 | 常规解 | 本文解 | 精确解 |
| $1.0e-1$ | 18.4686 | 18.4686 | 18.4670 | 6.2644 | 6.2643 | 6.2642 |
| $1.0e-2$ | 20.3657 | 19.7751 | 19.7739 | 13.786 | 9.0645 | 9.0647 |
| $1.0e-3$ | 6.9871 | 19.9765 | 19.9763 | × | 9.4882 | 9.4887 |
| $1.0e-4$ | × | 19.9976 | 19.9976 | × | 9.5326 | 9.5333 |
| $1.0e-5$ | × | 19.9998 | 19.9998 | × | 9.5386 | 9.5377 |
| $1.0e-6$ | × | 20.0000 | 20.0000 | × | 12.5020 | 9.5382 |
| $1.0e-7$ | × | 19.9997 | 20.0000 | × | × | 9.5382 |
| $1.0e-8$ | × | 20.0096 | 20.0000 | × | × | 9.5382 |
| $1.0e-9$ | × | 19.3225 | 20.0000 | × | × | 9.5382 |

从表 2-3 可以看出在计算 $A$ 点的温度时,常规方法在层厚比为 $1.0e-5$ 时开始失效,而用本文方法计算精度在层厚比为 $1.0e-9$ 时仍然很高;在计

算 $B$ 点的热流时,当层厚比为 $1.0e-4$ 时常规方法开始失效,而用本文方法在层厚比为 $1.0e-9$ 时的计算结果仍然具有较高的精度。从表 $2-4$ 可以看出,在计算内点温度时,本文方法较常规方法将层厚比降低了 6 个数量级,计算内点热流时也降低了 4 个数量级。与常规方法相比,在同样的单元划分前提下,本文方法可以计算层厚比更小的各向同性涂层结构边界点和内点的温度参量,且精度优于常规方法。

### 2.4.2 正交各向异性涂层构件温度场算例

例 $2.3$ 圆环形正交各向异性涂层构件热流问题

根据对称性取一半结构考虑,如图 $2-5$ 所示,内环为基体,外环为涂层。基体内径为 $r_1=10$m,外径为 $r_2=11$m,涂层外径为 $r_3$。计算时保持基体尺寸 $r_1$ 和 $r_2$ 的值不变,令涂层厚度 $(r_3-r_2)$ 随着 $r_3$ 的减小而逐渐减小。已知基体内表面温度和涂层外表面温度按 $u(y_1,y_2)=2y_1^2-y_2^2$ 分布。

计算在不同涂层厚度时边界点 $A(0,(r_2+r_3)/2)$ 的温

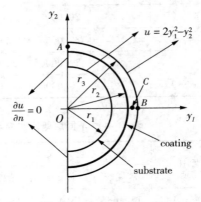

图 $2-5$ 圆环形正交各向异性涂层构件热流

度和 $B(r_3,0)$ 的热流,以及涂层内点 $C((r_2+r_3)/2,0)$ 的温度和热流。边界元法计算时弧线边界均划分 96 个线性单元,直线边界均划分 10 个线性单元,共计 424 个单元。对不同涂层厚度计算时单元网格划分不变。

为了能和精确解相对照,首先将涂层和基体取同种材料,导热系数均为 $k_1=1$W/m·℃,$k_2=2$W/m·℃,计算结果见图 $2-6$。

由图 $2-6$a 可以看出,当涂层厚度为 $1.0e-4$m 时,常规方法计算 $A$ 点的温度已经失效,而本文方法直到涂层厚度达到 $1.0e-7$m 时,温度的计算精度仍然很高;由图 $2-6$b 可知,当涂层厚度为 $1.0e-3$m 时常规方法计算 $B$ 点的热流开始失效,而本文方法在 $1.0e-7$m 时的计算结果仍然具有很高的精度。图 $2-6$c 和图 $2-6$d 分别给出了不同涂层厚度时内点 $C$ 的温度和热流计

算结果,在计算内点温度时,本文方法较常规方法将涂层厚度降低了 6 个数量级,计算内点热流时也降低了 4 个数量级。

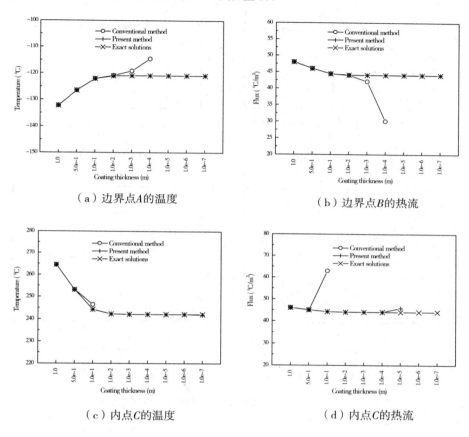

（a）边界点 $A$ 的温度　　　　　　　　（b）边界点 $B$ 的热流

（c）内点 $C$ 的温度　　　　　　　　（d）内点 $C$ 的热流

图 2-6　例 2.3 涂层和基体为同种材料时的计算结果

再将涂层和基体取不同材料,基体导热系数为 $k_1 = 1\mathrm{W/m \cdot \mathbb{C}}$,$k_2 = 2\mathrm{W/m \cdot \mathbb{C}}$,涂层导热系数为 $k'_1 = 1\mathrm{W/m \cdot \mathbb{C}}$,$k'_2 = 5\mathrm{W/m \cdot \mathbb{C}}$,计算结果见图 2-7。

图 2-6 表明涂层厚度达到 $1.0e-7\mathrm{m}$ 时,用本文方法计算的边界点温度和边界点热流以及内点温度的精度都很高,涂层厚度在 $1.0e-5\mathrm{m}$ 时用本文方法计算得到的内点热流依然有效。据此可以断定图 2-7 中用本文方法计算的结果的有效性。从图 2-7 可以看出在有效计算涂层域的温度和热流的前提下,本文方法较常规方法至少可以将涂层厚度降低 4 个数量级。

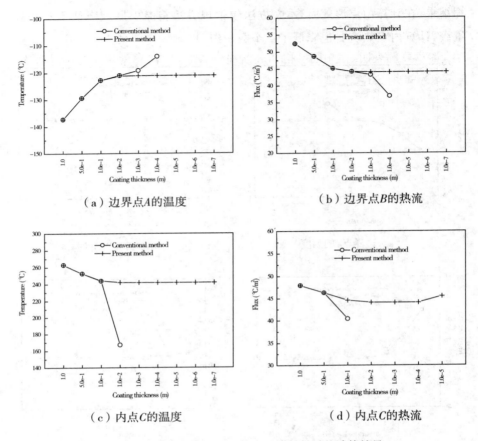

（a）边界点$A$的温度          （b）边界点$B$的热流

（c）内点$C$的温度          （d）内点$C$的热流

图 2-7 例 2.3 涂层和基体为不同材料时的计算结果

## 2.5 小 结

本章采用边界元法分析涂层结构温度场。在建立正交各向异性涂层结构温度场边界元法基本方程的基础上,引入一种正则化算法,完全解析计算了其中的几乎奇异积分,克服了边界元法在分析涂层结构温度参量时遇到的几乎奇异积分障碍,理论上可以计算无限薄涂层的边界温度参量,同时,可以计算离涂层边界更近的内点温度和热流。本章程序均采用 FORTRAN 90 编制,变量仅有双精度,由于受数值计算的截断误差影响,涂层非常薄时本章计算方法也将失效。若采用具有 4 精度的程序（如 Compaq Visual Fortran 6.6 等），本章方法可以计算更薄涂层的温度场问题。

本章算例表明，在相同网格划分前提下，本章方法较常规边界元法能分析厚度更薄的涂层的温度参量。获得涂层内点的温度和热流以后，可以进一步计算涂层内的温度应力。

# 第3章 涂层结构弹性力学边界元法分析

## 3.1 引 言

近年来涂层构件在工程中得到了广泛的应用,涂层通过喷涂、粘结等工艺附着到基体上,涂层与基体材料的弹性不相容性,导致涂层和基体界面可能产生很大的应力,严重影响涂层构件的工作寿命,因而涂层结构界面应力的分析显得格外重要。

研究者们做了大量的工作来寻求涂层／基体结合强度的理论解(Shi 和Ramalingam,2001[44];张永康等,2006[45];郭乙木等,2001[46];吴臣武等,2006[47])。涂层材料中的应力场可以用 Fourier 反变换建立半解析解,但数学推演繁琐。目前,涂层构件界面强度的试验也缺乏有效的手段,更多的是通过数值分析方法来获取。

数值分析涂层构件应力时使用有限元法的居多(Kompovopoulos,1988[67];Tian 和 Saka,1991[68];Bennani 和 Takadoum,1999[71];赵希淑等,2002[74];鄢建辉,2004[75])。边界元法分析涂层结构由于工作量远小于有限元法而更有优势(Njiwa 等,1999[77])。但受涂层厚度尺寸的影响,常规边界元法分析涂层构件会遭遇几乎奇异积分的障碍(Tanaka,1994[230]),使边界力以及近边界内点的应力计算结果误差很大甚至失真。 牛忠荣等(2004)[212]通过反复分部积分运算将弹性力学边界元法中的几乎奇异积分化为了解析算式。

本章在二维涂层结构弹性力学边界元法中引入该解析化算法,首先用来研究弹性滚柱与涂层构件接触时,材料参数、涂层厚度等因素对涂层体内应力以及界面应力的影响。其次,研究了浅表面裂纹应力强度因子的计算,分析了碳纤维布加固钢结构的强度。最后,研究了三维薄形层合结构边界元法中几乎奇异积分的半解析算法,使得边界元法可以有效分析三维薄形层合结构。

## 3.2　二维涂层结构弹性力学边界元法

### 3.2.1　二维涂层结构弹性力学边界积分方程

对图 3-1 所示的二维层合结构,外边界受有法向载荷 $P_n$、切向载荷 $P_\tau$。对每一层二维弹性力学常规的位移边界积分方程为:

$$C_{ij}(y)u_j^\beta(y) = \int_{?\ \Gamma_\beta} U_{ij}^\beta(x,y)t_j^\beta(x)\mathrm{d}\Gamma - \int_{\Gamma_\beta} T_{ij}^\beta(x,y)u_j^\beta(x)\mathrm{d}\Gamma +$$

$$\int_{\Omega_\beta} U_{ij}^\beta(x,y)b_j^\beta(x)\mathrm{d}\Omega \qquad (3-1)$$

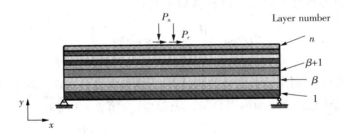

图 3-1　二维薄形层合结构

方程中 $i,j=1,2$,$\beta$ 表示所在的层号;$y$ 为源点,$x$ 为场点;$C_{ij}(y)$ 为位移奇性系数;$u_j^\beta$、$t_j^\beta$ 分别为 $\beta$ 层边界 $\Gamma_\beta$ 上的位移和面力分量,$b_j^\beta$ 为 $\beta$ 层域 $\Omega_\beta$ 内的体力分量;积分核 $U_{ij}^\beta(x,y)$ 为弹性力学 Navier 方程基本解,$T_{ij}^\beta(x,y)$ 是 $U_{ij}^\beta(x,y)$ 关于坐标 $x_j$ 的梯度场函数的线性组合。以 $G$ 表示切变模量、$\upsilon$ 表示泊松比,对平面应变问题,$U_{ij}^\beta(x,y)$、$T_{ij}^\beta(x,y)$ 的表达式分别为:

$$U_{ij}^\beta(x,y) = -\frac{1}{8\pi(1-\upsilon)G}\left[(3-4\upsilon)\ln r\delta_{ij} - r_{,i}r_{,j}\right] \qquad (3-2)$$

$$T_{ij}^{\beta}(x,y) = \frac{1}{4\pi(1-\upsilon)r}\{(1-2\upsilon)(r_{,i}n_j - r_{,j}n_i) - r_{,n}[(1-2\upsilon)\delta_{ij} + 2r_{,i}r_{,j}]\} \quad (3-3)$$

式中 $(\cdots)_{,i} = \partial(\cdots)/\partial x_i$，令 $x_i$ 和 $y_i$ 分别为场点和源点的坐标分量，$n_i$ 表示外法线方向余弦分量，式（3-2～3-3）中

$$r_i = x_i - y_i, r = \sqrt{r_i r_i}, r_{,i} = \partial r/\partial x_i = r_i/r, r_{,n} = \partial r/\partial n = r_{,i}n_i \quad (3-4)$$

若源点 $y$ 为内点，方程（3-1）中 $C_{ij}(y) = 1$。将方程（3-1）在内点 $y$ 处沿 $x_k(k=1,2)$ 方向求导，得到内点位移导数积分方程，进一步推得内点应力边界积分方程为：

$$\sigma_{ik}(y) = \int_{\Gamma_\beta} W_{ikj}^{\beta}(x,y)t_j(x)\mathrm{d}\Gamma - \int_{\Gamma_\beta} S_{ikj}^{\beta}(x,y)u_j(x)\mathrm{d}\Gamma + \int_{\Omega_\beta} W_{ikj}^{\beta}(x,y)b_j(x)\mathrm{d}\Omega \quad (3-5)$$

其中，

$$W_{ikj}^{\beta}(x,y) = \frac{1}{4\pi(1-\upsilon)r}[(1-2\upsilon)(r_{,k}\delta_{ij} + r_{,i}\delta_{kj} - r_{,j}\delta_{ki}) + 2r_{,i}r_{,j}r_{,k}] \quad (3-6)$$

$$S_{ikj}^{\beta}(x,y) = \frac{G}{2\pi(1-\upsilon)r^2}\{2r_{,n}[(1-2\upsilon)r_{,j}\delta_{ki} + \upsilon(r_{,i}\delta_{jk} + r_{,k}\delta_{ij}) - 4r_{,i}r_{,j}r_{,k}] +$$

$$(1-2\upsilon)(2r_{,i}r_{,k}n_{,j} + \delta_{jk}n_i + \delta_{ij}n_k) + 2\upsilon(r_{,i}r_{,j}n_k + r_{,j}r_{,k}n_i) - (1-4\upsilon)\delta_{ki}n_j\} \quad (3-7)$$

对 $\beta$ 层列边界积分方程（3-1）离散后组装有：

$$[H^{\beta} \ H_{\mathrm{I}}^{\beta}]\begin{Bmatrix} U^{\beta} \\ U_{\mathrm{I}}^{\beta} \end{Bmatrix} = [G^{\beta} \ G_{\mathrm{I}}^{\beta}]\begin{Bmatrix} T^{\beta} \\ T_{\mathrm{I}}^{\beta} \end{Bmatrix} \quad (3-8)$$

式中 $U_{\mathrm{I}}^{\beta}$ 和 $T_{\mathrm{I}}^{\beta}$ 分别是第 $\beta$ 层交界 $\Gamma_{\mathrm{I}}$ 上的位移和面力分量；$U^{\beta}$ 和 $T^{\beta}$ 分别是第 $\beta$ 层剩余边界上的位移和面力分量。类似地，对第 $\beta+1$ 层有：

$$[H^{\beta+1} \ H_{\mathrm{I}}^{\beta+1}]\begin{Bmatrix} U^{\beta+1} \\ U_{\mathrm{I}}^{\beta+1} \end{Bmatrix} = [G^{\beta+1} \ G_{\mathrm{I}}^{\beta+1}]\begin{Bmatrix} T^{\beta+1} \\ T_{\mathrm{I}}^{\beta+1} \end{Bmatrix} \quad (3-9)$$

在第 $\beta$ 层和第 $\beta+1$ 层间界面 $\Gamma_{\mathrm{I}}$ 上，两边的位移和面力应该满足

$$U_{\mathrm{I}} \equiv U_{\mathrm{I}}^{\beta} = U_{\mathrm{I}}^{\beta+1}, T_{\mathrm{I}} \equiv T_{\mathrm{I}}^{\beta} = -T_{\mathrm{I}}^{\beta+1} \quad (3-10)$$

根据变形协调关系式（3-10），式（3-8）和式（3-9）可以组合为：

$$\begin{bmatrix} H^{\beta} & H_{\mathrm{I}}^{\beta} & -G_{\mathrm{I}}^{\beta} & 0 \\ 0 & H_{\mathrm{I}}^{\beta+1} & G_{\mathrm{I}}^{\beta+1} & H^{\beta+1} \end{bmatrix}\begin{Bmatrix} U^{\beta} \\ U_{\mathrm{I}} \\ T_{\mathrm{I}} \\ U^{\beta+1} \end{Bmatrix} = \begin{bmatrix} G^{\beta} & 0 \\ 0 & G^{\beta+1} \end{bmatrix}\begin{bmatrix} T^{\beta} \\ T^{\beta+1} \end{bmatrix} \quad (3-11)$$

　　用同样的方法可将各层边界积分方程耦合以建立整个层合结构的边界积分方程,并可求出边界和交界上的所有未知量。将边界点上的位移、面力值代入相应域的内点应力边界积分方程(3-5),可以求出任意内点的应力。

### 3.2.2　几乎奇异积分及其正则化运算

　　当涂层比较薄时,位移边界积分方程(3-1)的积分核 $T_{ij}^{\beta}(x,y)$ 呈现几乎强奇异性;运用内点应力边界积分方程(3-5)求内点应力时,当所求内点靠近边界或交界,积分核 $W_{ikj}^{\beta}(x,y)$ 与 $S_{ikj}^{\beta}(x,y)$ 分别具有几乎强奇异性和超奇异性,常规的高斯积分计算几乎奇异积分将失效。

　　在对式(3-1)和式(3-5)进行数值计算时,将边界从整体坐标 $oxy$ 转换到局部坐标 $o\xi$,对单元的几何形状和物理量做线性插值,若记源点至场点距离 $r$ 的平方为 $R$,则 $R$ 可以表达为局部坐标 $\xi$ 的函数:

$$R = r^2 = a\xi^2 + b\xi + c \qquad (3-12)$$

其中 $a$、$b$、$c$ 为仅与源点和场点坐标有关的常数,记 $\delta = \sqrt{4ac - b^2}$。经观察发现式(3-1)和式(3-5)中的奇异积分可以归结为以下几种形式:

$$I_1 = \int_{-1}^{1} \frac{P_1(\xi)}{R}\mathrm{d}\xi, \quad I_2 = \int_{-1}^{1} \frac{P_2(\xi)}{R^2}\mathrm{d}\xi, \quad I_3 = \int_{-1}^{1} \frac{P_3(\xi)}{R^3}\mathrm{d}\xi \qquad (3-13)$$

式中 $P_1$、$P_2$ 和 $P_3$ 为 $\xi$ 的多项式形式。对于涂层构件,在对式(3-1)进行数值积分时,某边界节点通常和其对边上单元的距离趋近于零,即 $R \to 0$;在运用式(3-5)求内点参量时,当源点趋近边界时也会出现 $R \to 0$ 的现象。$R \to 0$ 将使得式(3-13)中积分核的分母趋于零,数值计算时将会呈现几乎奇异的特性,这也是式(3-1)和式(3-5)出现几乎奇异积分的原因所在。

　　文[212]对式(3-13)的积分经反复的分部积分推导,得出:

$$I_1 = \int_{-1}^{1} \frac{P_1(\xi)}{R}\mathrm{d}\xi = \frac{4}{s^2}\left\{\frac{1}{e}P_1 g - P'_1 K_0 + \frac{e}{2}P''_1(2K_1 - L_0)\right.$$

$$- \frac{e^2}{2}P'''_1\left(K_2 - K_0 - L_1 + \frac{1}{2}z^2 - \frac{1}{2}\right)$$

$$\left.+ \frac{e^3}{4}P_1^{(4)}\left(\frac{2}{3}K_3 - 2K_1 - L_2 + \frac{1}{3}L_0 + \frac{5}{9}z^3\right)\right\}\bigg|_{\xi=-1}^{1}$$

$$-e^3 s^2 \int_{-1}^{1} P_1^{(5)} \left( \frac{2}{3} K_3 - 2K_1 - L_2 + \frac{1}{3} L_0 + \frac{5}{9} z^3 \right) d\xi \qquad (3-14a)$$

$$I_2 = \int_{-1}^{1} \frac{P_2(\xi)}{R^2} d\xi = \frac{16}{s^4} \left\{ \frac{1}{2e^3} P_2 \left( \frac{z}{1+z^2} + g \right) - \frac{1}{2e^2} P'_2 \, zg + \frac{1}{2e} P''_2 K_1 \right.$$

$$- \frac{1}{4} P'''_2 \left[ K_0 + K_2 - \frac{1}{2}(1+z^2) \right] + \frac{e}{4} P_2^{(4)} \left( K_1 + \frac{1}{3} K_3 - \frac{1}{3} L_0 - \frac{1}{2} z - \frac{2}{9} z^3 \right)$$

$$\left. - \frac{e^2}{4} P_2^{(5)} \left( \frac{1}{12} K_4 + \frac{1}{2} K_2 - \frac{1}{4} K_0 - \frac{1}{3} L_1 - \frac{1}{16} z^4 - \frac{1}{8} z^2 \right) \right\} \Big|_{\xi=-1}^{1}$$

$$+ \frac{4e^2}{s^4} \int_{-1}^{1} P_2^{(6)} \left( \frac{1}{12} K_4 + \frac{1}{2} K_2 - \frac{1}{4} K_0 - \frac{1}{3} L_1 - \frac{1}{16} z^4 - \frac{1}{8} z^2 \right) d\xi \qquad (3-14b)$$

$$I_3 = \int_{-1}^{1} \frac{P_3(\xi)}{R^3} d\xi = \frac{64}{s^6} \left\{ \frac{1}{4e^5} P_3 \left[ \frac{z}{(1+z^2)^2} + \frac{3z}{2(1+z^2)} + \frac{3}{2} g \right] \right.$$

$$- \frac{1}{8e^4} P'_3 \left( \frac{z^2}{1+z^2} + 3zg \right) + \frac{1}{16e^3} P''_3 (3z^2 g + g - z)$$

$$- \frac{1}{16e^2} P'''_3 \left( zg + z^3 g - z^2 - \frac{1}{2} \right) + \frac{1}{64e} P_3^{(4)} \left( z^4 g + 2z^2 g + g - \frac{5}{3} z^3 - 3z \right)$$

$$\left. - \frac{1}{64} P_3^{(5)} \left( K_4 + 2K_2 + K_0 - \frac{5}{12} z^4 - \frac{3}{2} z^2 \right) \right\} \Big|_{\xi=-1}^{1}$$

$$+ \frac{1}{s^6} \int_{-1}^{1} P_3^{(6)} \left( K_4 + 2K_2 + K_0 - \frac{5}{12} z^4 - \frac{3}{2} z^2 \right) d\xi \qquad (3-14c)$$

式中 $(\cdots)' = d(\cdots)/d\xi$，$s$ 为被积单元的长度，$e = 2\delta/s^2$ 为源点到被积单元的距离与被积单元长度之比，$e$ 表示源点趋近被积单元的程度，文[212]定义其为接近度。式(3-14)中 $z = (2a\xi + b)/\delta$，$g = \arctan((2a\xi + b)/\delta)$，$K_i$ 和 $L_i (i = 0,1,2,3,4)$ 为 $\xi$ 的解析函数（牛忠荣等，2004[212]）。

对二维弹性力学问题，边界元法离散过程中若采用线性等参元插值必有

$$P_1^{(5)}(\xi) = 0, \quad P_2^{(6)}(\xi) = 0, \quad P_3^{(6)}(\xi) = 0 \qquad (3-15)$$

由于有式(3-15)，则式(3-14)中最后一项积分皆为 0，式(3-14)为解析算式。至此，式(3-13)的几乎奇异积分变成了完全的解析表达算式(3-14)。从而，二维涂层结构边界元法中的几乎奇异积分可完全由式(3-14)解析计算出来。

# 3.3　赫兹压力下涂层构件内的应力分布

弹性滚柱与涂层构件的接触,即涂层构件受赫兹压力作用是一类常见的工程问题。研究在赫兹压力下涂层构件内应力分布规律有利于分析涂层材料的机械强度。本节采用 3.2 节阐述的涂层结构弹性力学边界元法来分析赫兹压力作用下涂层结构内的应力场,考察涂层厚度和涂层 / 基体弹性模量比对涂层结构表面层应力的影响。

取涂层构件宽度为 $L = 6\mathrm{mm}$,厚度为 $t = 6\mathrm{mm}$,涂层厚度为 $t_c$。下底边固定,上边受赫兹压力 $p(x)$ 作用,最大载荷集度为 $p_0$(单位:MPa),荷载作用区域的半宽 $a_H = 100\mu\mathrm{m}$。见图 3-2 所示,本例为平面应变问题,记涂层的弹性模量和泊松比为 $E^c$ 和 $\nu^c$,基体的弹性模量和泊松比为 $E^s$ 和 $\nu^s$。边界元法共划分640 个节点 320 个二次等参元,计算沿对称轴 $z$ 上各点的正应力 $\sigma_{xx}$ 和 Tresca 应力 $\tau_1 = (1/2)|\sigma_1 - \sigma_2|$,同时观察涂层和基体交界面上的切应力变化。

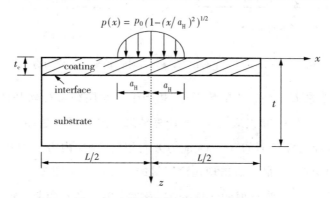

图 3-2　涂层构件受赫兹压力作用

### 3.3.1　涂层 / 基体材料的影响

取涂层厚度 $t_c = 100\mu\mathrm{m}$。首先考察 $E^c/E^s < 1$ 的情形,这相当于软涂层粘贴在硬基体上。对称轴 $z$ 上的 Tresca 应力 $\tau_1$ 和正应力 $\sigma_{xx}$ 的计算结果见图3-3。图中的精确解指赫兹压力作用在均质半无限空间上的理论解[231]。由图 3-3a 可以看出,构件的 Tresca 应力 $\tau_1$ 的最大值出现在涂层内,它的位置

相对于精确解中的位置向涂层表面方向移动,对称轴上内点的 $\tau_1$ 值在涂层和基体交界面上明显不连续。当 $E^c/E^s$ 由 0.25 增加到 0.41 时,$\tau_1$ 最大值的位置没有改变,界面上 Tresca 应力 $\tau_1$ 的不连续幅度有所减小。图 3-3b 表明,涂层内的正应力 $\sigma_{xx}$ 均为负值,表明涂层此时还承受横向压应力,正应力 $\sigma_{xx}$ 绝对最大值出现在涂层表面,较精确解降低了近 30%。

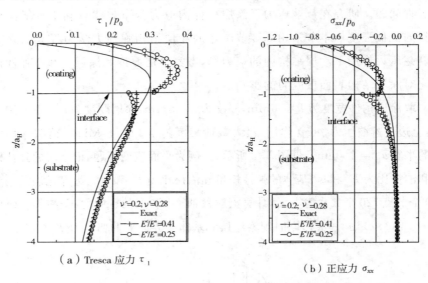

（a）Tresca 应力 $\tau_1$          （b）正应力 $\sigma_{xx}$

图 3-3  $t_c = 100\mu\mathrm{m}, E^c/E^s < 1$,对称轴 $z$ 上的应力分布

其次,考察 $E^c/E^s > 1$ 的情形,这相当于硬涂层粘贴在软基体上。对称轴上 Tresca 应力 $\tau_1$ 和正应力 $\sigma_{xx}$ 的计算结果见图 3-4。由图 3-4a 可以看出涂层浅表面与深表面的 Tresca 应力方向相反,涂层内沿 $z$ 轴线 Tresca 应力发生方向交变,$\tau_1$ 最大值出现在涂层域的交界面上。图 3-4b 中涂层内轴线 $z$ 上的正应力 $\sigma_{xx}$ 为近似的线性分布,表明涂层承受着弯曲变形,而基体内 $\tau_1$ 与精确解能很好吻合,正应力 $\sigma_{xx}$ 接近为 0,基体几乎没受弯曲变形,说明此时基体得到了很好的保护。

图 3-5 给出的是沿交界面涂层域与基体域上最大切应力的计算结果。图中的对照解是指涂层和基体均取涂层的材料参数用边界元法计算的结果。结果表明在赫兹压力作用下,界面上 Tresca 应力 $\tau_1$ 的最大值出现在对称轴 $z$(即 $x/a_H = 0$)上,偏离对称轴的距离越远 $\tau_1$ 值越小。图 3-5a 显示当

涂层材料比基体材料刚度低时，涂层交界的最大切应力大于对照解，而基体交界上正好相反，当距离对称轴约 2.5 倍的接触半宽时，界面上的最大切向应力减小至零。

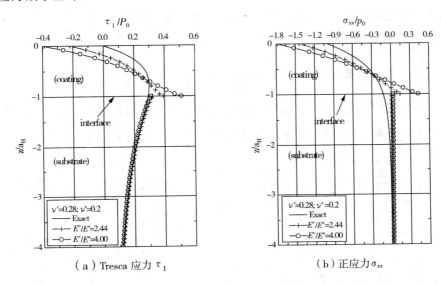

（a）Tresca 应力 $\tau_1$　　　　　　　　　　（b）正应力 $\sigma_{xx}$

图 3 − 4　$t_c = 100\mu m, E^c/E^s > 1$，对称轴 $z$ 上的应力分布

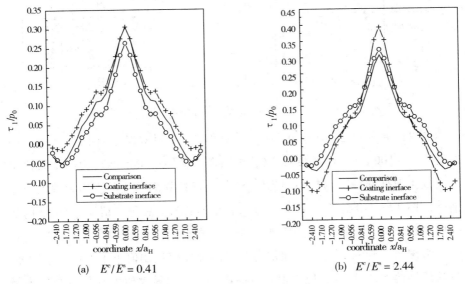

(a)　$E^c/E^s = 0.41$　　　　　　　　　　(b)　$E^c/E^s = 2.44$

图 3 − 5　$t_c = 100\mu m, \tau_1$ 沿界面的变化

当涂层材料比基体材料刚度高时,图 3-5b 表明基体界面上的 Tresca 应力 $\tau_1$ 始终大于对照解。涂层界面上的 $\tau_1$ 在接触半宽内大于对照值,在接触半宽范围外情况相反,在距离对称轴两倍接触半宽处涂层界面 $\tau_1$ 出现反向最大值,此处基体界面的最大切应力已接近消失。说明 $E^c/E^s > 1$ 时,涂层界面更易剪切破坏。

### 3.3.2 涂层厚度尺寸的影响

增加涂层厚度至 $t_c = 300\mu m$,选择涂层材料较基体材料刚度低($E^c/E^s < 1$)的情形来分析。构件内对称轴 $z$ 和交界面上的应力分布分别见图 3-6 和 3-7。

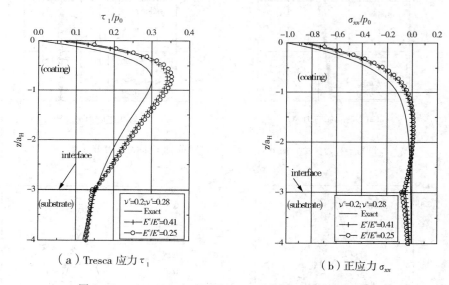

（a）Tresca 应力 $\tau_1$               （b）正应力 $\sigma_{xx}$

图 3-6   $t_c = 300\mu m$,$E^c/E^s < 1$,对称轴 $z$ 上的应力分布

图 3-6a 所示为 Tresca 应力 $\tau_1$ 沿对称轴 $z$ 的计算结果,同图 3-3a 涂层厚度为 $t_c=100\mu m$ 的计算结果比较,可以发现涂层中 Tresca 应力的最大值位置没发生改变,值略有减小;但当 $t_c=300\mu m$ 时,界面的应力不连续现象明显消除。图 3-6b 给出了 $t_c=300\mu m$ 时 $\sigma_{xx}$ 沿对称轴 $z$ 变化的结果,涂层域内承受横向负压力作用,基体内的正应力 $\sigma_{xx}$ 非常小。

由图 3-7a 可以看出,当涂层与基体的弹性模量比值小于 1 时,涂层界面与基体界面上的 Tresca 应力值 $\tau_1$ 差别不大,$\tau_1$ 的最大值大约是赫兹压力最大载荷集度 $p_0$ 的 15%,相对于图 3-5a 中涂层厚度 $t_c=100\mu m$ 时 $\tau_1$ 最大值

为 $p_0$ 的 30%，涂层增厚时界面上的 $\tau_1$ 最大值减小了近一半。当涂层/基体弹性模量比值大于 1 时，相对于图 3-7a，图 3-7b 中基体界面的切应力没有多大变化，而涂层界面上的切应力有较大幅度的增加，但还是远小于图 3-5b 涂层厚度为 100$\mu$m 时涂层界面上的 Tresca 应力值。分析表明增加涂层厚度，界面上 Tresca 应力值幅度有明显下降。

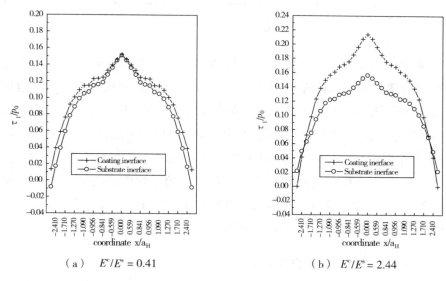

（a）　$E^c/E^s = 0.41$　　　　　　　（b）　$E^c/E^s = 2.44$

图 3-7　$t_c = 300\mu$m，$\tau_1$ 沿界面的变化

通过对以上结果分析可知：涂层较薄时，若 $E^c/E^s < 1$，构件的 Tresca 应力 $\tau_1$ 和正应力 $\sigma_{xx}$ 的最大值均出现在涂层内，同时涂层和基体交界面上切应力存在明显不连续。因此，此时涂层的浅表面和涂层/基体交界面均为强度危险面；若 $E^c/E^s > 1$，构件的 Tresca 应力 $\tau_1$ 和正应力 $\sigma_{xx}$ 的最大值均出现在涂层/基体交界面上，此时仅交界面为危险面；涂层较厚时，界面上的应力不连续现象基本消除，$\tau_1$ 最大值出现在涂层内。

## 3.4　边界元法分析浅表面裂纹应力强度因子

浅表面裂纹或缺陷广泛存在于各种现役构件中，如图 3-8 所示。为研究构件浅表面裂纹是否扩展，预测其寿命，有必要讨论浅表面裂纹应力强度因子的计算。

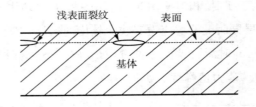

图 3 - 8　浅表面裂纹

确定浅表面裂纹应力强度因子的数值方法主要有有限元法和边界元法。由于裂纹距表面较近,有限元法网格的协调将存在极大的困难。边界元法具有使用单元少精度高且易于调整单元等优点。边界元法通常沿裂纹面将构件分成两个子域,在各子域单独列边界积分方程后利用交界面上的协调条件联立求解。但对于浅表面裂纹,剖分的两个子域至少有一个很薄,常规边界元法计算时会遭遇几乎奇异积分。随着裂纹距离表面程度的加剧,常规边界元法将因无法处理几乎奇异积分而失效。本节将采用 3.2.2 节的正则化算法来处理浅表面裂纹的数值计算难题。

### 3.4.1　裂尖单元奇异性处理

由于裂纹尖端位移场存在 $\sqrt{r}$ 奇异性,面力场存在 $1/\sqrt{r}$ 奇异性,$r$ 为场点到裂尖的距离,边界元法解决断裂问题时裂纹尖端的单元也要作特殊处理。边界元法整体采用 3 节点二次元,在裂纹尖端布置一特殊单元,见图 3-9,其中节点 $A$ 到裂尖 $O$ 的长度为单元长度 $\overline{OB}$ 的四分之一。

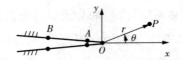

图 3 - 9　裂尖处四分之一节点奇异元

该单元上几何形状和位移插值的形函数与普通单元相同,分别为:

$$N_1^u(\xi) = \frac{\xi(\xi-1)}{2}, N_2^u(\xi) = 1 - \xi^2, N_3^u(\xi) = \frac{\xi(1+\xi)}{2} \qquad (3-16)$$

面力插值形函数采用:

$$N_1^t(\xi) = \frac{\xi(\xi-1)}{1+\xi}, N_2^t(\xi) = 2(1-\xi), N_3^t(\xi) = \xi \qquad (3-17)$$

这样就可以成功描述裂尖处的位移和面力奇异性,该单元称为四分之一节点奇异元[232]。

### 3.4.2　单点位移计算应力强度因子

应力强度因子 $K$ 是指裂尖位移场或应力场关于变量 $\sqrt{r}$ 的渐近展开式首项的幅值系数。张开型(Ⅰ型)和滑移型(Ⅱ型)裂纹的位移场渐近展开式分别为:

$$u_2\bigg|_{\theta=-\pi} = \frac{K_{\mathrm{I}}}{H_1}\sqrt{r} + 0(r^{3/2}) \qquad (3-18)$$

$$u_1\bigg|_{\theta=-\pi} = \frac{K_{\mathrm{II}}}{H_2}\sqrt{r} + 0(r^{3/2}) \qquad (3-19)$$

其中 $\theta$ 和 $r$ 的定义见图 3-9,$K_{\mathrm{I}}$ 和 $K_{\mathrm{II}}$ 分别表示纯Ⅰ型和纯Ⅱ型应力强度因子。若令 $G$ 为切变模量、$v$ 为泊松比,对平面应力问题,式(3-18)和式(3-19)中的 $H_1$ 与 $H_2$ 的表达式分别为:

$$H_1 = G(1+v)\sqrt{\frac{\pi}{2}}, \quad H_2 = G(1+v)\sqrt{\frac{\pi}{2}} \qquad (3-20)$$

由边界元法获得边界节点的位移后,可选离裂尖较近处某边界点的位移,通过式(3-18)和式(3-19)求出应力强度因子 $K_{\mathrm{I}}$ 和 $K_{\mathrm{II}}$,这就是所谓的单点位移计算应力强度因子。

### 3.4.3　数值算例

以图 3-10 所示的含浅表面裂纹的平板为例。板长 $2l=600\,\mathrm{mm}$,厚 $t=1\,\mathrm{mm}$,宽 $l+h$;裂纹长度为 $2a=20\,\mathrm{mm}$,裂纹距下表面的距离为 $l=300\,\mathrm{mm}$,距上表面的距离为 $h$。板在垂直裂纹方向受均布正应力 $\sigma=100\,\mathrm{N/mm^2}$,四周受均布切应力 $\tau=100\,\mathrm{N/mm^2}$。设平板为均质材料,弹性模量和泊松比分别为 $E=1.6\times10^5\,\mathrm{N/mm^2}$,$v=0.2$。

令裂纹离上表面的距离 $h$ 逐渐减小来模拟浅表面裂纹。将平板沿裂纹开口方向剖分为表面和基体两个子域(域Ⅰ和Ⅱ),各子域边界分别划

200 个节点,100 个二次元,裂尖处采用四分之一奇异元,其他边界采用普通等参元,不同 $h$ 时单元划分相同。

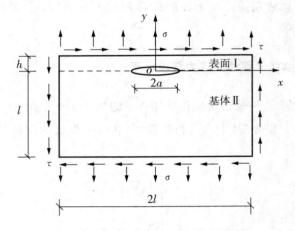

图 3 - 10    平板内的浅表面裂纹

首先取 $h=300\,\mathrm{mm}$,则 $a/h=1/30$,此时不是浅表面裂纹而应近似看成无限大板内有中心裂纹的情形,将计算得到的结果与应力强度因子手册[233]的结果对照并列于表 3 - 1,从中可以看出边界元法具有很高的精度。

表 3 - 1    无限大板内有中心裂纹的应力强度因子($\mathrm{N/mm^{3/2}}$)

| 应力强度因子 | 本文方法 | 参考解 |
| :---: | :---: | :---: |
| $K_{\mathrm{I}}$ | 561.02 | 560.50[233] |
| $K_{\mathrm{II}}$ | 560.65 | 560.50[233] |

当 $h$ 逐渐减小时常规边界元法将会出现几乎奇异积分,文[212]将源点到被积单元的距离与被积单元长度之比定义为接近度 $e$,用来刻画产生几乎奇异性的强弱程度,显然,接近度越小则发生的几乎奇异性越强。文[212]通过算例验明:当 $e<1.0\times10^{-3}$ 时常规边界元法失效,当 $e=1.0\times10^{-6}$ 时几乎奇异积分的解析化算法仍有效。

表 3 - 2 给出了不同裂纹深度时边界元法中出现的最小接近度,从中可以看出,在裂纹离表面深度为 $0.5\,\mu\mathrm{m}$ 时最小接近度为 $1.0\times10^{-6}$,由上一段的阐述知:此时本文应力强度因子的计算结果将依然有效。

表 3-2　不同裂纹深度时边界元法中的最小接近度

| 裂纹深度 $h$(mm) | 最小接近度 $e$ |
|---|---|
| $2.0e+01$ | $3.3e-02$ |
| $1.0e+01$ | $1.7e-02$ |
| $6.0e+01$ | $1.0e-02$ |
| $3.0e+00$ | $5.0e-03$ |
| $3.0e-01$ | $5.0e-04$ |
| $3.0e-02$ | $5.0e-05$ |
| $3.0e-03$ | $5.0e-06$ |
| $5.0e-04$ | $1.0e-06$ |

图 3-11 给出了裂纹深度 $h$ 逐渐减小时 I 型裂纹应力强度因子的计算结果,图中常规边界元法在 $h=6\text{mm}$ 时失效(结果为负),由图 3-11 和表 3-2 知,本文方法在 $h=5.0\times10^{-4}\text{mm}$ 时结果依然有效。用本文方法计算时,当裂纹深度在 $300\text{mm}\sim75\text{mm}$ 之间 $K_1$ 值变化不大,与用无限大板中裂纹的应力强度因子计算公式[233] 得到的结果基本吻合,表明此时无限大板理论可用;但裂纹深度小于 $75\text{mm}$ 特别是小于 $10\text{mm}$ 后,随着裂纹深度的减小,应力强度因子急剧增加;当裂纹深度在 $3.0\times10^{-2}\text{mm}\sim5.0\times10^{-4}\text{mm}$ 之间,应力强度因子 $K_1$ 计算结果收敛于常数,但这个常数值约是无限大板中裂纹应力强度因子 $K_1$ 的 2.5 倍,表明此时若用无限大板理论计算浅表面裂纹的应力强度因子就不适合了。

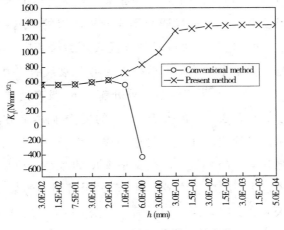

图 3-11　$K_1$ 随裂纹深度 $h$ 的变化

图 3-12 给出了方板四周受均布切应力时 $K_{\text{II}}$ 随 $h$ 的变化。常规方法很快就失效。用本文方法计算时,裂纹深度在 $300\,\text{mm} \sim 10\,\text{mm}$ 之间应力强度因子 $K_{\text{II}}$ 基本保持不变,此时无限大板中裂纹的应力强度因子计算公式[233]适用;随着裂纹位置向表面靠近,$K_{\text{II}}$ 的大小也急剧增加;当裂纹处在浅表面时,$K_{\text{II}}$ 也收敛于常数。

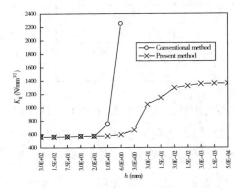 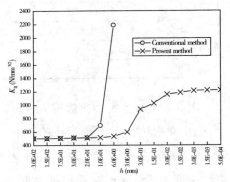

图 3-12　$K_{\text{II}}$ 随裂纹深度 $h$ 的变化　　图 3-13　裂纹表面有摩擦时 $K_{\text{II}}$ 随 $h$ 变化

假设裂纹的两表面彼此接触并有正向摩擦力 $\tau_{xy} = 10\,\text{N/mm}^2$,板的四周仅受均布切应力 $\tau = 100\,\text{N/mm}^2$,此时边界元法计算的应力强度因子 $K_{\text{II}}$ 见图 3-13。同图 3-12 裂纹表面无摩擦时的 $K_{\text{II}}$ 计算结果比较,有正向摩擦力时 $K_{\text{II}}$ 值有所减小,但其大小随着裂纹距表面深度的变化规律没变。

本节将含浅表面裂纹构件沿裂纹方向分成表面和基体两个子域,用边界元法计算边界点位移后利用单点位移法来计算应力强度因子。针对常规边界元法由于几乎奇异积分的障碍而不能分析薄层的难题,引入几乎奇异积分的解析算法,使得边界元法可以计算浅表面裂纹的应力强度因子。分别对纯 I 型、纯 II 型和裂纹表面有摩擦力的 II 型裂纹的应力强度因子进行了计算。算例表明,在本文指定的单元划分前提下,没有处理几乎奇异积分的边界元法仅能分析距表面深度大于 $6\,\text{mm}$ 的裂纹,而本文方法可以分析距表面深度为微米量级的浅表面裂纹的应力强度因子。通过计算发现,浅表面裂纹的应力强度因子随着裂纹距表面的深度的减小而收敛于常数,但几倍大于用无限大板中裂纹的应力强度因子算式计算得到的结果。

在获得浅表面裂纹应力强度因子后,可以进一步研究浅表面裂纹的扩展问题。

## 3.5　边界元法分析碳纤维布加固钢结构

碳纤维布(Carbon Fibre Reinforced Polymer,简称 CFRP)加固钢结构由于施工方便、不损伤原结构等优点在建筑工程中被广泛采用,但 CFRP 加固钢结构的强度分析还处在试验阶段。采用数值模拟 CFRP 加固钢结构强度的方法可以减少试验成本,缩短试验周期。

本节将采用 3.2 节处理了几乎奇异积分计算问题的边界元法来分析 CFRP 加固钢结构的强度。将碳纤维布、胶层和钢结构看成三个不同的子域,计算碳纤维布、胶层和钢结构相互交界面上的应力。利用计算结果,来判断碳纤维布是否与钢结构剥离,为 CFRP 加固钢结构工程提供参考。

### 3.5.1　材料的选取

设计两端受均匀拉伸的钢板上下两侧各粘贴一层碳纤维布的计算模型。材料按如下方式选取[234]:

(1)钢材为 Q235 钢,弹性模量为 216.2GPa,泊松比为 0.25,拉伸强度为 517.1MPa。钢板的长度为 600mm,宽度为 50mm,厚度为 6mm。

(2)碳纤维布为 UT70-30 型,弹性模量为 217.6GPa,泊松比为 0.2,拉伸强度为 3788.0MPa。碳纤维布的厚度为 0.167mm,粘贴长度为 400mm,粘贴宽度为 50mm。

(3)粘结剂选用双组分环氧树脂胶,固结后的胶层拉伸强度为 42.6MPa,剪切强度为 16.42MPa,弹性模量为 2.57GPa,泊松比为 0.38。设胶层厚度为 0.1mm,宽度和长度与碳纤维布相同。

### 3.5.2　计算结果

忽略厚度方向的影响,按平面应变问题处理,取结构的二分之一考虑,如图 3-14 所示,图中长度单位为 mm。按施加分布拉力 $P$ 为 367MPa、300MPa 和 200MPa 这 3 种工况进行计算。

采用多域边界元法,将试件分成钢板、胶层和碳纤维布 3 个子域。在钢板边界划分 146 个二次元,在胶层和 CFRP 布边界各划分 94 个二次元。

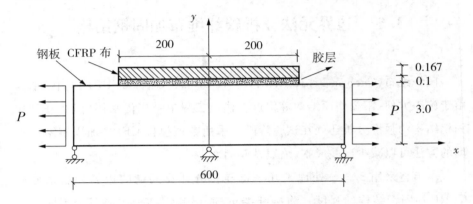

图 3 - 14    碳纤维布增强钢板的半结构

碳纤维布和钢板与胶层交界处边界点的正应力计算结果分别见图 3-15 和图 3-16。由图 3-15 可以看出,碳纤维布边界点的正应力值两端较小,中间很长一段间距上正应力值较大且保持不变,最大正应力值近似等于外载 $P$。三种外载中最大的 $P$ 值才有 367MPa,远低于 CFRP 的强度极限 3788MPa,因此在这 3 种载荷作用下,均不可能使 CFRP 发生强度破坏。

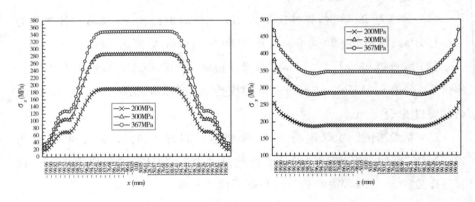

图 3 - 15    碳纤维布(与胶层交界处)的正应力    图 3 - 16    钢板(与胶层交界处)的正应力

图 3 - 16 显示,钢板与胶层交界点的正应力值两端较高,中间段较低。在 $P = 367$MPa 时,端点的正应力值达到最大值,接近 475MPa,但这也低于 Q235 钢的拉伸强度极限 517.1MPa,从而说明在这三种载荷作用下,钢板也不会发生强度破坏。

　　图 3-17 和图 3-18 给出了胶层与钢板交界点的正应力和切应力计算结果,由于胶层很薄,胶层与 CFRP 交界点的正应力和切应力值与图 3-17 和图 3-18 基本一致,所以本文就没有另外列出。图 3-17 显示,胶层在两端正应力值较大,中间部位正应力值较低,最大正应力值为 17.96MPa,低于粘结剂的拉伸强度极限 42.6MPa,故胶层不会被拉断。

　　从图 3-18 可以看出胶层所受的最大切应力出现在两端。在 $P = 200$MPa 时最大切应力值小于粘结剂的剪切强度极限 $\tau_m = 16.42$MPa(图 3-18 中水平线所示),此时胶层不会受到剪切破坏。在 $P = 300$MPa 和 367MPa 时胶层中的最大切应力值超过了剪切强度极限 $\tau_m$,表明此时胶层要发生剪切破坏,试验中应表现为碳纤维布从两端开始剥离,这和文[234]的试验结果一致。从图 3-18 中还可以发现剥离的尺寸随着外载的增加而略有加长。

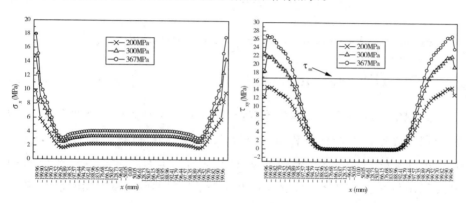

图 3-17　胶层(与钢板交界面)的正应力　　图 3-18　胶层(与钢板交界面)的切应力

　　几乎奇异积分解析算法的引入,使得边界元法可以用较少的单元分析 CFRP 加固钢结构的强度问题。根据设计的模型,分别计算了 CFRP、胶层以及钢板相互交界面处的正应力和切应力。通过与各自材料的强度极限对照,结果表明:外载较低时,加固结构不会发生破坏;外载较高时,首先是胶层发生剪切破坏,使得碳纤维布和钢结构基体发生剥离,加固失效。分析表明碳纤维布加固钢结构的薄弱环节应该在胶层。

　　本节仅以 CFRP 加固受单向拉伸的钢板为例,说明该方法可以用来分析一般的 CFRP 加固钢结构强度问题。

## 3.6    三维薄形层合结构弹性力学边界元法研究

### 3.6.1    三维层合结构边界元法列式

常规的三维弹性力学位移边界积分方程和内点应力边界积分方程分别为：

$$C_{ij}(y)u_j(y) = \int_{\Gamma} U_{ij}^*(x,y)t_j(x)\mathrm{d}\Gamma - \int_{\Gamma} T_{ij}^*(x,y)u_j(x)\mathrm{d}\Gamma +$$

$$\int_{\Omega} U_{ij}^*(x,y)b_j(x)\mathrm{d}\Omega \qquad (3-21)$$

$$\sigma_{ik}(y) = \int_{\Gamma} W_{ikj}^*(x,y)t_j(x)\mathrm{d}\Gamma - \int_{\Gamma} S_{ikj}^*(x,y)u_j(x)\mathrm{d}\Gamma +$$

$$\int_{\Omega} W_{ikj}^*(x,y)b_j(x)\mathrm{d}\Omega \qquad (3-22)$$

方程中 $i,j,k=1,2,3$，$y$ 为源点，$x$ 为场点；$C_{ij}(y)$ 为位移奇性系数；$u_j$ 和 $t_j$ 分别为边界 $\Gamma$ 上的位移和面力分量，$b_j$ 为体力分量；积分核 $U_{ij}^*(x,y)$ 为 Kelvin 基本解，$T_{ij}^*(x,y)$、$W_{ikj}^*(x,y)$ 和 $S_{ikj}^*(x,y)$ 是 $U_{ij}^*(x,y)$ 关于坐标 $x_j$ 的梯度场函数的线性组合。分别以 $G$ 和 $\upsilon$ 表示材料的剪切模量和泊松比，则：

$$U_{ij}^*(x,y) = \frac{1}{16\pi(1-\upsilon)Gr}\left[(3-4\upsilon)\delta_{ij} + r_{,i}r_{,j}\right] \qquad (3-23a)$$

$$T_{ij}^*(x,y) = \frac{1}{8\pi(1-\upsilon)r^2}\left\{(1-2\upsilon)(r_{,i}n_j - r_{,j}n_i) - r_{,n}\left[(1-2\upsilon)\delta_{ij} + 3r_{,i}r_{,j}\right]\right\} \qquad (3-23b)$$

$$W_{ikj}^*(x,y) = \frac{1}{8\pi(1-\upsilon)r^2}\left[(1-2\upsilon)(r_{,k}\delta_{ij} + r_{,i}\delta_{kj} - r_{,j}\delta_{ki}) + 3r_{,i}r_{,j}r_{,k}\right] \qquad (3-23c)$$

$$S_{ikj}^*(x,y) = \frac{G}{4\pi(1-\upsilon)r^3}\left\{3r_{,n}\left[(1-2\upsilon)r_{,j}\delta_{ki} + \upsilon(r_{,i}\delta_{jk} + r_{,k}\delta_{ij}) - 5r_{,i}r_{,j}r_{,k}\right]\right.$$

$$+ (1-2\upsilon)(3r_{,j}r_{,k}n_j + \delta_{jk}n_i + \delta_{ij}n_k) + 3\upsilon(r_{,i}r_{,j}n_k + r_{,j}r_{,k}n_i)$$

$$\left. - (1-4\upsilon)\delta_{ki}n_j\right\} \qquad (3-23d)$$

式（3-23）中 $r$ 为场点 $x$ 到源点 $y$ 的距离，令 $x_i$ 和 $y_i$ 分别为场点和源点的坐标，$n_i$ 为边界外法向方向余弦，则：

$$\begin{cases} r_i = x_i - y_i, & r = \sqrt{r_i r_i} \\ r_{,i} = \partial r / \partial x_i, & r_{,n} = r_{,i} n_i \end{cases} \quad (i = 1, 2, 3) \qquad (3-24)$$

对层合构件，首先在各层分别列位移边界积分方程（3-21），然后利用相交两层（如层 Ⅰ 和 Ⅱ）的交界面上位移相等面力连续的条件：

$$u_k^{\mathrm{I}} = u_k^{\mathrm{II}}, \, t_k^{\mathrm{I}} = -t_k^{\mathrm{II}} \qquad (k = 1, 2) \qquad (3-25)$$

将离散后的相邻两层的边界积分方程（3-21）联合起来，可以形成层合结构的边界积分方程，求出边界和交界上所有的未知量。再将边界点上的位移、面力值代入相应域的内点应力边界积分方程（3-22），可以求出任意内点的应力。

### 3.6.2　三维边界元法几乎奇异积分的半解析算法

对三维薄体结构，当边界上的源点 $y$ 相对于对边上的场点 $x$ 做积分时有 $x \to y$，使得 $r \to 0$，导致边界积分方程的基本解 —— 式（3-23）中存在几乎强奇异性和超奇异性。

在边界离散过程中，将源点 $y$ 邻近边界的几乎奇异单元 $\Gamma_e$ 取为平面三节点线性等参元，三条边组成的围道记为 $\partial \Gamma_e$。可获得源点 $y$ 在 $\Gamma_e$ 所在平面上的垂足 $y_0$，则 $y$ 到 $y_0$ 的距离 $\delta$ 为源点距单元平面最短距离。再以节点 1 为原点，$\xi$ 轴沿节点 1 和 2 的连线 $\overrightarrow{12}$ 方向，在 $\Gamma_e$ 平面上定义局部坐标系 $\xi\eta$，$y_0$ 在 $\xi\eta$ 系中坐标为 $(\xi_0, \eta_0)$。进一步以 $(\xi_0, \eta_0)$ 为极点，在平面 $\xi\eta$ 内建立一个极坐标系 $\rho\theta$，极轴初位置与 $\xi$ 轴平行，见图 3-19。

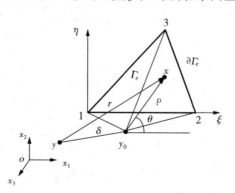

图 3-19　三种不同坐标系

由图 3-19 可以看出，源点 $y$ 到场点 $x$ 的距离 $r$ 为：

$$r^2 = \rho^2 + \delta^2 \qquad (3-26)$$

记 $\delta$ 与单元 $\Gamma_e$ 三条边中长度最大值 $L_{\max}$ 之比为接近度 $e$ ,式(3−26)表明对薄体结构, $r \to 0$ 的度量依赖于 $e \to 0$ 的程度。

边界积分方程(3−21)和(3−22)在 $\Gamma_e$ 上的面积分可以在极坐标系 $\rho\theta$ 中列式,那么在单元 $\Gamma_e$ 上方程(3−21)和(3−22)所产生的几乎奇异积分可归纳为如下形式:

$$I_n = \int_{\Gamma_e} \frac{1}{r^n} Q_n(\rho,\theta) \rho \mathrm{d}\rho \mathrm{d}\theta, \qquad (n = 1,3,5,7) \qquad (3-27)$$

上式中 $Q_n(\rho,\theta)$ 是关于 $\rho$、$\cos\theta$ 和 $\sin\theta$ 的多项式函数。随着 $e$ 的减小,直接对式(3−27)进行常规的 Gauss 数值求积将导致失败,这也是常规边界元法不能有效分析三维薄体层合结构的原因所在。

观察式(3−27),先对 $I_n$ 中的变量 $\rho$ 作积分,定义:

$$K_n(\rho,\theta) = \int \frac{1}{r^n} Q_n(\rho,\theta) \rho \mathrm{d}\rho \qquad (3-28)$$

存在下列积分递推公式:

$$\begin{cases} J_1 = \int \dfrac{\mathrm{d}\rho}{r} = \ln(\rho + \sqrt{\rho^2 + \delta^2}) + C \\[3mm] J_n = \int \dfrac{\mathrm{d}\rho}{r^n} = \dfrac{\rho}{\delta^2(n-2)(\rho^2+\delta^2)^{\frac{n}{2}-1}} + \dfrac{n-3}{\delta^2(n-2)} \int \dfrac{\mathrm{d}\rho}{(\rho^2+\delta^2)^{\frac{n}{2}-1}}, \quad (n \geq 3) \end{cases}$$

$$(3-29)$$

文[222]利用式(3−29)对式(3−28)作反复的分部积分,有:

$$K_1(\rho,\theta) = \int \frac{\rho Q_1(\rho,\theta)}{r} \mathrm{d}\rho = rQ_1 - \frac{1}{2}Q'_1[r\rho + \delta^2\ln(\rho+r)] + \frac{1}{6}r^3 Q''_1 + \frac{1}{2}\delta^2$$

$$Q''_1[\rho\ln(\rho+r) - r] - \frac{1}{2}\int Q'''_1[\frac{1}{3}r^3 + \delta^2\rho\ln(\rho+r) - \delta^2 r]\mathrm{d}\rho \qquad (3-30a)$$

$$K_3(\rho,\theta) = \int \frac{\rho Q_3(\rho,\theta)}{r^3} \mathrm{d}\rho = -\frac{1}{r}Q_3 + Q'_3\ln(\rho+r) - Q''_3\rho\ln(\rho+r) +$$

$$rQ''_3 + \frac{1}{4}Q'''_3[2\rho^2\ln(\rho+r) - \delta^2\ln(\rho+r) - 3r\rho] - \frac{1}{4}\int Q_3^{(4)}$$

$$[2\rho^2 \ln(\rho+r) - \delta^2 \ln(\rho+r) - 3r\rho] \mathrm{d}\rho \qquad (3-30\mathrm{b})$$

$$K_5(\rho,\theta) = \int \frac{\rho Q_5(\rho,\theta)}{r^5} \mathrm{d}\rho = -\frac{1}{3r^3} Q_5 + \frac{1}{3\delta^2}\left(\frac{1}{r}\rho Q'_5 - rQ''_5\right) + \frac{1}{6\delta^2} Q'''_5$$

$$[r\rho + \delta^2 \ln(\rho+r)] - \frac{1}{6\delta^2} Q_5^{(4)} \left[\frac{1}{3}r^3 + \delta^2\rho\ln(\rho+r) - \delta^2 r\right] + \frac{1}{6\delta^2}\int Q_5^{(5)}$$

$$\left[\frac{1}{3}r^3 + \delta^2\rho\ln(\rho+r) - \delta^2 r\right] \mathrm{d}\rho \qquad (3-30\mathrm{c})$$

$$K_7(\rho,\theta) = \int \frac{\rho Q_7(\rho,\theta)}{r^7}\mathrm{d}\rho = -\frac{1}{5r^5}Q_7(\rho,\theta) + \frac{1}{15\delta^2 r}\rho Q'_7\left(\frac{1}{r^2} + \frac{2}{\delta^2}\right)$$

$$+\frac{1}{15\delta^2 r}Q''_7 - \frac{1}{15\delta^4}(2rQ''_7 - r\rho Q'''_7) - \frac{1}{45\delta^4}r^3 Q_7^{(4)}$$

$$+\frac{1}{360\delta^4}Q_7^{(5)}\left[\rho(2\rho^2 + 5\delta^2)r + 3\delta^4\ln(\rho+r)\right]$$

$$-\frac{1}{360\delta^4}\int Q_7^{(6)}\left[\rho(2\rho^2 + 5\delta^2)r + 3\delta^4\ln(\rho+r)\right]\mathrm{d}\rho \qquad (3-30\mathrm{d})$$

式中 $(\cdots)' = \partial(\cdots)/\partial\rho$，因 $Q_n(\rho,\theta)(n=1,3,5,7)$ 是 $\rho$ 的多项式，这些多项式的阶次总是有限的。对三维弹性力学问题，若采用线性等参元，必有：

$$Q'''_1(\rho,\theta) = 0, \quad Q_3^{(4)}(\rho,\theta) = 0, \quad Q_5^{(5)}(\rho,\theta) = 0, \quad Q_7^{(6)}(\rho,\theta) = 0 \qquad (3-31)$$

故式(3-30)各式最后一项皆为 0，即 $K_n(\rho,\theta)$ 关于 $\rho$ 的积分已完全解析。将式(3-30)代入式(3-27)，则有：

$$I_n = \int_{\partial\varGamma_e} \left[K_n(\rho,\theta)\right]_{\rho=\rho_1(\theta)}^{\rho_2(\theta)} \mathrm{d}\theta \qquad (3-32)$$

$\rho$ 的积分上下限 $\rho_1(\theta)$ 和 $\rho_2(\theta)$ 由单元 $\varGamma_e$ 的三条边的极坐标表达式决定。至此，式(3-27)的面积分 $I_n$ 已转化为式(3-32)仅含变量 $\theta$ 的一系列线积分，并且引起几乎奇异积分的因子 $e$(即 $\delta$)已被分离到这些线积分核之外，常规的 Gauss 数值积分可以有效计算这些线积分，从而薄体结构边界元法中几乎奇异积分被准确计算，本文称这种方法为半解析方法。

### 3.6.3　应用算例

以空心双层球壳受均匀内压 $p = 1.0\mathrm{MPa}$ 为例，取图 3-20a 所示的 1/8

部分考虑。内层球壳内径 $r_1$ 由 $1.0\text{mm}$ 变化到 $1.997\text{mm}$，内层球壳外径 $r_2 = 2\text{mm}$；外层球壳内径 $r_2 = 2\text{mm}$，外层球壳外径 $r_3 = 4\text{mm}$。内外球壳材料的弹性模量和泊松比分别为 $E_1 = 180\text{GPa}, v_1 = 0.20$ 和 $E_2 = 201\text{GPa}, v_2 = 0.30$。

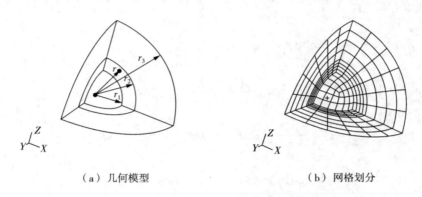

（a）几何模型                       （b）网格划分

图 3-20    空心双层球壳受均匀内压

内球壳两球面上各划分 27 个八节点单元，三坐标面上各划分 24 个八节点单元，外球壳网格划分与之相同，见图 3-20b，共计 252 个单元，760 个节点。计算时保持外层球壳厚度不变，内层球壳厚度逐渐变薄（即令 $r_2$ 和 $r_3$ 不变，$r_1$ 逐渐趋近 $r_2$）。采用常规的边界元法和本文半解析化算法计算内层球壳内点（半径为 $r$ 处）以及两球壳交界面上结点的位移和应力。常规边界元法使用标准的高斯积分按二次单元直接计算式（3-27）中的面积分。半解析化算法计算式（3-27）时，若二次单元遇到几乎奇异积分，则将该二次元细分为若干个三角形子单元，在每个三角形子单元上按照式（3-30）半解析化处理后，再用高斯积分法计算仅含变量 $\theta$ 的线积分。

在 $r_1 = 1\text{mm}$ 且 $r_2 = 2\text{mm}$ 时，内层球壳厚度为常规尺寸，内层球壳内点位移和应力计算结果分别见图 3-21 和图 3-22。

由图 3-21 可以看出常规方法在计算内点位移时，内点半径 $r$ 在 $1.99\text{mm}$ 左右时误差开始增大，内点半径大于 $1.992\text{mm}$ 以后，计算结果完全失效；本文的半解析化算法在内点半径为 $1.999999\text{mm}$ 时仍然和精确解保持一致，本文方法可以计算更加靠近边界的内点位移值。由图 3-22 知常规方法在计算内点应力时内点半径大于 $1.9\text{mm}$ 以后结果失效，而本文方法

在内点半径为 $1.9998\mathrm{mm}$ 时仍有很高的精度。由于 $r=2\mathrm{mm}$ 时为内球壳的外球面。由此可见,本文方法较之常规方法可以分析更加接近边界的内点应力值。

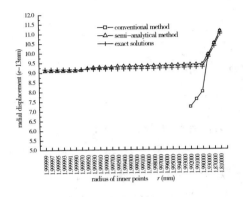 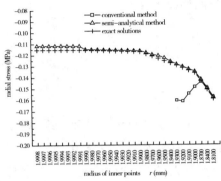

图 3-21　$r_1=1\mathrm{mm}$ 时内球壳内点的位移　　图 3-22　$r_1=1\mathrm{mm}$ 时内球壳内点的应力

　　图 3-23 和图 3-24 给出了内层球壳厚度变化时两球壳交界面上边界点位移和应力的计算结果。由图 3-23 和图 3-24 可知,在内层厚度为 $0.01\mathrm{mm}$ 时常规方法计算的界面位移开始失真,内层厚度为 $0.05\mathrm{mm}$ 时常规方法计算的界面应力开始失效,而本文方法在内层厚度为 $0.003\mathrm{mm}$ 时界面位移和界面应力均具有非常高的精度,可以看出本文方法较之常规边界元法可以分析层厚更薄的层合结构的层间位移和应力。

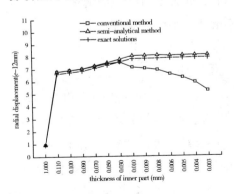 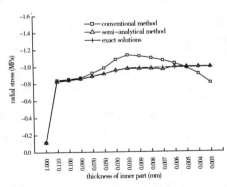

图 3-23　不同内层厚度时层间交界点位移　　图 3-24　不同内层厚度时层间交界点应力

　　常规边界元法难以分析三维薄体结构,实质上是几乎奇异积分的计算障碍。本节通过引入一种半解析算法来处理出现的几乎奇异积分。算例表明,较常规方法相比,本节的半解析算法可以计算更加靠近边界的层内点力学参量,并且能分析层厚更薄的层合结构界面位移和应力。三维弹性力学边界元法中几乎奇异积分计算壁垒的攻破,使得三维边界元法分析薄形层合结构成为现实。

# 3.7 小 结

本章主要讨论二维和三维薄形层合结构弹性力学边界元法中几乎奇异积分的计算及其工程应用。

首先,运用这种处理了几乎奇异积分的弹性力学边界元法计算了赫兹压力作用下涂层结构内的应力场,分析了涂层厚度和材料弹性常数对表面涂层应力的影响。进一步计算了浅表面裂纹的应力强度因子,计算结果表明没有处理几乎奇异积分的边界元法仅能分析距表面深度为毫米量级的浅表面裂纹的应力强度因子,而本章方法可以计算距表面深度为微米量级的浅表面裂纹的应力强度因子。获得浅表面裂纹应力强度因子后,可以进一步研究浅表面裂纹的失稳与扩展问题。

其次,运用处理了几乎奇异积分的弹性力学边界元法对碳纤维布加固钢结构的强度进行了分析,计算表明碳纤维布加固钢结构的薄弱环节应该在胶层,选择什么样的粘结剂,怎样保证粘结效果将是碳纤维布增强钢结构的关键问题之一。

最后,对三维薄形层合结构弹性力学问题边界元法中的几乎奇异积分问题做了研究,引入了一种半解析算法,以空心双层球壳受均匀内压为例,算例表明同常规边界元法相比,该半解析算法可以计算更加靠近边界的层内点力学参量,并且可以分析层厚更薄的层合结构界面位移和应力。

同第 2 章一样,本章程序也是采用变量仅具有双精度的 FORTRAN 90 编制,由于数值计算的截断误差影响,涂层非常薄时计算也将失效。若采用具有四精度的 FORTRAN 程序,本章方法将可以分析更薄涂层的弹性力学问题。

# 第4章　自然边界积分方程分析近边界应力分布

## 4.1　引　言

在用边界元法求解任何问题时,当边界上的未知量求出后,域中内点参量可由内点积分方程直接积分求出。但是当内点逐渐靠近边界而又不在边界上时(相对于邻近单元的尺寸而言),内点参量的计算误差逐渐增大,直至失真。特别是积分方程中基本场变量的导数值(如固体力学中的应力值)失真更快,实质上是几乎奇异积分问题。在弹性力学和非耦合的热弹性力学问题中,用常规的位移和应力边界积分方程分别求解近边界域中位移和应力,出现几乎强奇异和超奇异积分,其中几乎超奇异积分更加难以计算。边界元准确性很大程度上依赖于奇异积分的计算精度。

许多研究者做了大量的工作来处理几乎奇异积分。Ghosh 等(1986)[201]对位移边界积分方程做了变换,使强奇异积分核转换为弱奇异积分核。Luo 等(1998)[209]对位移积分方程中的强奇异积分核通过扣除法减去一项,再补回一项将几乎强奇异降阶。余德浩(1993)[235]采用级数展开法计算了自然边界元法中的一类超奇异积分。牛忠荣等(2004)[212]对二维边界元法中的几乎奇异积分提出了一种通用的解析正则化算法,在内点边界积分方程离散后,将源点邻近单元上的几乎奇异积分通过半解析途径正则化为无奇异积分,获得了线性插值时计算几乎奇异积分的解析列式,但由于几乎超奇异积分解析算式中分母的幂次太高,数值计算超奇异积分效果仍然不是十分理想,几乎超奇异积分计算(如应力计算)的有效范围接近度约为 $10^{-3}$

量级。

实际上,应力边界积分方程包含几乎超奇异和几乎强奇异两项积分,纵观现有的处理几乎奇异积分的方法(Ma H 等,2002[236];Chen XL 等,2005[237]),都是试图分别单独计算几乎超奇异和几乎强奇异积分。牛忠荣等(2001)[202]提出同时计算几乎强奇异和几乎超奇异积分的思想,基于二维弹性力学问题的位移导数积分方程建立一个新的导数场边界积分方程,称为自然边界积分方程。本章进一步推导出内点应力的自然边界积分方程,对于近边界点应力计算,仅含有几乎强奇异积分。从应力自然边界积分方程出发,再袭用正则化算法(牛忠荣等,2004[212]),可以求解离边界更近的内点应力,使得接近度达到 $10^{-5}$ 量级,这对于边界元法分析薄体结构的应力场更为有效。

本章尔后将该思想应用到非耦合热弹性力学中,将二维热弹性力学边界元法中的几乎超、强奇异积分转化为强奇异积分,建立了仅含强奇异积分的热应力自然边界积分方程,再对得到的强奇异积分利用文[212]方法施以正则化。由于奇异性系数降低了一阶,正则化后的解析列式分母幂次降低了两次,使数值计算能获得更高的精度,可以求解热弹性力学问题中更加靠近边界的内点热应力。

本章最后建立了层合结构弹性力学问题内点应力自然边界积分方程,较之常规边界元法可以求解层合结构中更加靠近边界的内点应力值。

# 4.2 弹性力学自然边界积分方程

## 4.2.1 基本公式

在二维线弹性力学问题中,区域 $\Omega$ 内点 $y$ 处位移可由边界位移和面力的积分形式表达:

$$u_i(y) = \int_\Gamma [U_{ij}^*(x,y)t_j(x) - T_{ij}^*(x,y)u_j(x)]\mathrm{d}\Gamma + \int_\Omega U_{ij}^*(x,y)b_j(x)\mathrm{d}\Omega \qquad (4-1)$$

式中,$y$ 为源点,$x$ 为场点,边界变量为位移 $u_j$ 和面力 $t_j$,$b_j$ 为体力,$i,j=1$,

2。将方程(4-1)在 $y$ 处求导,可推得内点位移导数和应力边界积分方程:

$$u_{i,k}(y)=\int_{\Gamma}U_{ij,k}^{*}t_{j}\mathrm{d}\Gamma-\int_{\Gamma}T_{ij,k}^{*}u_{j}\mathrm{d}\Gamma+\int_{\Omega}U_{ij,k}^{*}b_{j}\mathrm{d}\Omega \qquad (4-2)$$

$$\sigma_{ik}(y)=\int_{\Gamma}W_{ikj}^{*}t_{j}\mathrm{d}\Gamma-\int_{\Gamma}S_{ikj}^{*}u_{j}\mathrm{d}\Gamma+\int_{\Omega}W_{ikj}^{*}b_{j}\mathrm{d}\Omega \qquad (4-3)$$

式(4-1)和式(4-3)的积分核 $U_{ij}^{*}$、$T_{ij}^{*}$ 和 $W_{ikj}^{*}$、$S_{ikj}^{*}$ 的表达式同式(3-2,3)和式(3-6,7),式(4-2)的积分核 $U_{ij,k}^{*}$ 和 $T_{ij,k}^{*}$ 分别为:

$$U_{ij,k}^{*}=\frac{1}{8\pi G(1-\upsilon)r}\big[(3-4\upsilon)r_{,k}\delta_{ij}-r_{,i}\delta_{jk}-r_{,j}\delta_{ki}+2r_{,i}r_{,j}r_{,k}\big] \qquad (4-4a)$$

$$T_{ij,k}^{*}=\frac{1}{4\pi(1-\upsilon)r^{2}}\{2r_{,n}[r_{,i}\delta_{jk}+r_{,j}\delta_{ki}-(1-2\upsilon)r_{,k}\delta_{ij}-4r_{,i}r_{,j}r_{,k}]+$$

$$(1-2\upsilon)(\delta_{jk}n_{i}+\delta_{ij}n_{k}-\delta_{ki}n_{j})+2r_{,i}r_{,j}n_{k}+2(1-2\upsilon)(r_{,i}r_{,k}n_{j}-r_{,j}r_{,k}n_{i})\} \qquad (4-4b)$$

式中 $i,j=1,2$,$(\cdots)_{,i}=\partial(\cdots)/\partial x_{i}$,$G$ 为剪切模量,$\upsilon$ 为泊松比。令 $x_{i}$ 和 $y_{i}$ 分别为场点和源点的坐标,$n_{i}$ 和 $\tau_{i}$ 分别为边界法向矢和切向矢的分量,见图 4-1,式(4-4)中:

$$r_{i}=x_{i}-y_{i},r=\sqrt{r_{i}r_{i}} \qquad (4-5a)$$

$$r_{,i}=\frac{\partial r}{\partial x_{i}}=\frac{r_{i}}{r},r_{,n}=\frac{\partial r}{\partial n}=r_{,i}n_{i},r_{,\tau}=\frac{\partial r}{\partial \tau}=r_{,i}\tau_{i} \qquad (4-5b)$$

当 $y\to\Gamma$ 时,方程(4-1)成为:

$$C_{ij}(y)u_{j}(y)=\int_{\Gamma}U_{ij}^{*}(x,y)t_{j}(x)\mathrm{d}\Gamma-\int_{\Gamma}T_{ij}^{*}(x,y)u_{j}(x)\mathrm{d}\Gamma+$$

$$\int_{\Omega}U_{ij}^{*}(x,y)b_{j}(x)\mathrm{d}\Omega \qquad (4-6)$$

这就是常规的位移边界积分方程,含有 Cauchy 主值积分 $\int_{\Gamma}(\cdots)\mathrm{d}\Gamma$。

通过式(4-6)可以求解出边界上未知的位移和面力分量,代入式(4-2)和式(4-3)可计算出内点位移导数和应力。当求近边界内点应力时,式(4-2)和式(4-3)中含有几乎超奇异积分,直接的 Gauss 数值积分方法失效。将源点 $y$ 到边界单元的最短距离 $d_{\min}$ 与单元长度 $L$ 的比值定义为接近度 $e=2d_{\min}/L$。文[212]提出一个正则化方法计算近边界点的位移和应力,当接近

度 $e$ 大于 $10^{-3}$ 时能够有效计算内点应力,但当 $e$ 小于 $10^{-3}$ 时,使用正则化公式对几乎超奇异积分计算也将失效。

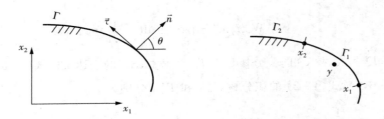

图 4-1    自然坐标系 $n\tau$          图 4-2    边界 $\Gamma_1$ 和 $\Gamma_2$

不妨设源点 $y$ 靠近的边界为 $\Gamma_1 = x_1 x_2$,其余的边界为 $\Gamma_2$,则 $\Gamma = \Gamma_1 + \Gamma_2$,见图 4-2。若 $y$ 在 $\Gamma_1$ 上,文[202]从式(4-2)出发得到一种自然边界积分方程:

$$\begin{cases} \varphi\omega_1(y) = \int_{\Gamma_1}\left(\dfrac{r_{,n}}{r}\omega_1 + \dfrac{r_{,\tau}}{r}\omega_2\right)\mathrm{d}\Gamma - \dfrac{r_{,k}}{r}e_{kj}u_j(x)\Big|_{x_1}^{x_2} + \\ \qquad\quad \int_{\Gamma_2}\left[\dfrac{r_{,j}}{r}\dfrac{t_j}{2G} + \dfrac{1}{r^2}(2r_{,j}r_{,n} - n_j)u_j\right]\mathrm{d}\Gamma \\ \varphi\omega_2(y) = \int_{\Gamma_1}\left(-\dfrac{r_{,\tau}}{r}\omega_1 + \dfrac{r_{,n}}{r}\omega_2\right)\mathrm{d}\Gamma + \dfrac{r_{,j}}{r}u_j(x)\Big|_{x_1}^{x_2} + \\ \qquad\quad \int_{\Gamma_2}\left[\dfrac{r_{,k}}{r}e_{kj}\dfrac{t_j}{2G} - \dfrac{1}{r^2}(2r_{,j}r_{,\tau} - \tau_j)u_j\right]\mathrm{d}\Gamma \end{cases} \quad y\,\mathrm{on}\,\Gamma_1 \quad (4-7)$$

其中 $\varphi$ 为边界 $\Gamma$ 在 $y$ 处两侧切线的内夹角,$e_{kj}$ 为置换张量($e_{11} = e_{22} = 0$,$e_{12} = -e_{21} = 1$),$\omega_1$、$\omega_2$ 为边界 $\Gamma_1$ 上新的无量纲边界变量

$$\omega_1 = \frac{t_n}{2G} + \frac{\partial u_\tau}{\partial \tau} \quad , \quad \omega_2 = \frac{t_\tau}{2G} - \frac{\partial u_n}{\partial \tau} \quad\quad (4-8)$$

将由方程(4-6)求得的 $u_j, t_j (j=1,2)$ 代入式(4-7)可以解得自然边界变量 $\omega_1$、$\omega_2$。

下面根据边界上的 $u_j, t_j$ 和 $\omega_j (j=1,2)$ 求内点应力,并且消除几乎超奇异积分。针对二维弹性力学问题,Ghosh 等(1986)[201]对位移边界积分方程(4-1)作变换,使其强奇异核 $T_{ij}^*$ 转换为弱奇异核,建立了一个边界积分方

程,将其对源点 $y$ 求导,得 Ghosh 的位移导数积分方程:

$$u_{i,k}(y) = \int_{\Gamma} U^*_{ij,k}(x,y)t_j(x)\mathrm{d}\Gamma - \int_{\Gamma} E^*_{ij,k}(x,y)\frac{\partial u_j}{\partial \tau}(x)\mathrm{d}\Gamma +$$

$$\int_{\Omega} U^*_{ij,k}(x,y)b_j(x)\mathrm{d}\Omega, y\mathrm{in}\Omega \qquad (4-9)$$

式中:

$$E^*_{ij,k}(x,y) = -\frac{1}{4\pi(1-\upsilon)r}[2(1-\upsilon)e_{mk}r_{,m}\delta_{ij} - 2e_{jl}r_{,i}r_{,k}r_{,l} +$$

$$(1-2\upsilon)e_{ij}r_{,k} + e_{jl}(r_{,l}\delta_{ik} + r_{,i}\delta_{lk})] \qquad (4-10)$$

分析发现,沿边界上有:

$$T^*_{ij,k}(x,y) = -\frac{\partial}{\partial \tau}E^*_{ij,k}(x,y) \qquad (4-11)$$

式中 $\tau$ 为边界切向,$T^*_{ij,k}(x,y)$ 见式(4-4b)。则在 $\Gamma_1$ 上,对式(4-11) 有:

$$\int_{\Gamma_1} T^*_{ij,k}u_j\mathrm{d}\Gamma = -\int_{\Gamma_1} \frac{\partial E^*_{ij,k}}{\partial \tau}u_j\mathrm{d}\Gamma = -E^*_{ij,k}u_j\Big|_{x=x_1}^{x_2} + \int_{\Gamma_1} E^*_{ij,k}\frac{\partial u_j}{\partial \tau}\mathrm{d}\Gamma \qquad (4-12)$$

代入(4-2) 式,则有:

$$u_{i,k}(y) = \int_{\Gamma} U^*_{ij,k}t_j\mathrm{d}\Gamma - \int_{\Gamma_1} E^*_{ij,k}\frac{\partial u_j}{\partial \tau}\mathrm{d}\Gamma + E^*_{ij,k}u_j\Big|_{x=x_1}^{x_2} -$$

$$\int_{\Gamma_2} T^*_{ij,k}u_j\mathrm{d}\Gamma + \int_{\Omega} U^*_{ij,k}b_j\mathrm{d}\Omega \qquad (4-13)$$

当 $y \rightarrow \Gamma_1$ 时,上式仅存在几乎强奇异积分,取代原有的超奇异积分方程 (4-2)。因此式(4-13) 求内点的位移导数会更准确。

### 4.2.2    内点应力自然边界积分方程

由几何方程,从式(4-13) 可得:

$$\varepsilon_{ik}(y) = \int_{\Gamma} U^*_{ikj}t_j\mathrm{d}\Gamma - \int_{\Gamma_2} T^*_{ikj}u_j\mathrm{d}\Gamma + \int_{\Omega} U^*_{ikj}b_j\mathrm{d}\Omega - \int_{\Gamma_1} E^*_{ikj}\frac{\partial u_j}{\partial \tau}\mathrm{d}\Gamma + E^*_{ikj}u_j\Big|_{x=x_1}^{x_2} \qquad (4-14)$$

其中:

$$E^*_{ikj} = \frac{1}{2}(E^*_{ij,k} + E^*_{kj,i}) = -\frac{1}{8\pi(1-\upsilon)r}[2(1-\upsilon)(e_{lk}r_{,l}\delta_{ij} + e_{li}r_{,l}\delta_{kj}) -$$

$$4e_{jl}r_{,i}r_{,k}r_{,l} + (1-2\upsilon)(e_{ij}r_{,k} + e_{kj}r_{,i})$$
$$+ e_{jl}(2\delta_{ik}r_{,l} + r_{,i}\delta_{lk} + r_{,k}\delta_{li})] \qquad (4-15a)$$

由式(4-15a)知：

$$E_{llj}^* = -\frac{1}{8\pi(1-\upsilon)r}[2(1-\upsilon)(2e_{mj}r_{,m}) - 4e_{jm}r_{,m} + (1-2\upsilon)2e_{lj}r_{,l} + e_{jm}(4r_{,m} + 2r_{,l}\delta_{ml})]$$

$$= -\frac{1}{8\pi(1-\upsilon)r}[4(1-\upsilon)e_{mj}r_{,m} - 4e_{jm}r_{,m} + 2(1-2\upsilon)e_{mj}r_{,m} + 4e_{jm}r_{,m} + 2e_{jm}r_{,m}]$$

$$= -\frac{1-2\upsilon}{2\pi(1-\upsilon)r}e_{mj}r_{,m} \qquad (4-15b)$$

注意到弹性力学的本构方程：

$$\sigma_{ik}(y) = \lambda \, \varepsilon_{ll}\delta_{ik} + 2G\varepsilon_{ik} \qquad (4-16)$$

对平面应变问题，上式中 $l=1,2$，$\lambda = (2G\upsilon)/(1-2\upsilon)$。将式(4-14)代入式(4-16)，得到：

$$\sigma_{ik}(y) = \int_{\Gamma} W_{ikj}^* t_j \mathrm{d}\Gamma - \int_{\Gamma_2} S_{ikj}^* u_j \mathrm{d}\Gamma + \int_{\Omega} W_{ikj}^* b_j \mathrm{d}\Omega - \int_{\Gamma_1} F_{ikj}^* \frac{\partial u_j}{\partial\tau}\mathrm{d}\Gamma + F_{ikj}^* u_j \Big|_{x=x_1}^{x_2} \qquad (4-17)$$

其中 $W_{ikj}^*$ 和 $S_{ikj}^*$ 与常规应力边界积分方程的积分核相同，参见式(3-6,7)。而

$$F_{ikj}^* = \lambda E_{llj}^*\delta_{ik} + 2GE_{ikj}^*$$

$$= -\frac{\lambda(1-2\upsilon)}{2\pi(1-\upsilon)r}\delta_{ik}e_{mj}r_{,m} + 2GE_{ikj}^* = -\frac{2G\upsilon}{2\pi(1-\upsilon)r}\delta_{ik}e_{mj}r_{,m} + 2GE_{ikj}^*$$

$$= -\frac{2G}{8\pi(1-\upsilon)r}4\upsilon\delta_{ik}e_{mj}r_{,m} - \frac{2G}{8\pi(1-\upsilon)r}[2(1-\upsilon)(e_{mk}r_{,m}\delta_{ij} + e_{mi}r_{,m}\delta_{kj}) -$$

$$4e_{jm}r_{,i}r_{,k}r_{,m} + (1-2\upsilon)(e_{ij}r_{,k} + e_{kj}r_{,i}) + 2e_{jm}\delta_{ik}r_{,m} + e_{jk}r_{,i} + e_{ji}r_{,k}]$$

$$= -\frac{G}{2\pi(1-\upsilon)r}[(1-\upsilon)(e_{mk}r_{,m}\delta_{ij} + e_{mi}r_{,m}\delta_{kj}) - 2e_{jm}r_{,i}r_{,k}r_{,m} - \upsilon$$

$$(e_{ij}r_{,k} + e_{kj}r_{,i}) - (1-2\upsilon)e_{mj}\delta_{ik}r_{,m}] \qquad (4-18)$$

组合式(4-17)中右边的第一和第四项在 $\Gamma_1$ 上的积分，引入式(4-8)，并注意到：

$$\frac{\partial u_j}{\partial\tau} = n_j \, \frac{\partial u_n}{\partial\tau} + \tau_j \, \frac{\partial u_\tau}{\partial\tau} \qquad (4-19)$$

则有：

$$\int_{\Gamma_1} \left( W^*_{ikj} t_j - F^*_{ikj} \frac{\partial u_j}{\partial \tau} \right) \mathrm{d}\Gamma = \int_{\Gamma_1} \left[ W^*_{ikj} t_j - F^*_{ikj} \left( n_j \frac{\partial u_n}{\partial \tau} + \tau_j \frac{\partial u_\tau}{\partial \tau} \right) \right] \mathrm{d}\Gamma$$

$$\doteq \int_{\Gamma_1} \left\{ W^*_{ikj} t_j - F^*_{ikj} \left[ n_j \left( \frac{t_\tau}{2G} - \omega_2 \right) + \tau_j \left( \omega_1 - \frac{t_n}{2G} \right) \right] \right\} \mathrm{d}\Gamma$$

$$= \int_{\Gamma_1} ( F^*_{ikj} n_j \omega_2 - F^*_{ikj} \tau_j \omega_1 ) \mathrm{d}\Gamma$$

$$+ \int_{\Gamma_1} \left( F^*_{ikj} \tau_j \frac{t_n}{2G} - F^*_{ikj} n_j \frac{t_\tau}{2G} + W^*_{ikj} t_j \right) \mathrm{d}\Gamma \qquad (4-20)$$

将式(4-20)回代到式(4-17)中，得到：

$$\sigma_{ik}(y) = \int_{\Gamma_2} W^*_{ikj} t_j \mathrm{d}\Gamma - \int_{\Gamma_2} S^*_{ikj} u_j \mathrm{d}\Gamma + \int_{\Omega} W^*_{ikj} b_j \mathrm{d}\Omega + F^*_{ikj} u_j \Big|_{x=x_1}^{x_2} +$$

$$\int_{\Gamma_1} ( F^*_{ikj} n_j \omega_2 - F^*_{ikj} \tau_j \omega_1 ) \mathrm{d}\Gamma + \int_{\Gamma_1} \left( F^*_{ikj} \tau_j \frac{t_n}{2G} - F^*_{ikj} n_j \frac{t_\tau}{2G} + W^*_{ikj} t_j \right) \mathrm{d}\Gamma \quad (4-21)$$

因为 $n_j = \tau_m e_{jm} = -\tau_m e_{mj}$，$\tau_j = -n_m e_{jm} = n_m e_{mj}$，$t_m = n_m t_n + \tau_m t_\tau$ （4-22）

式(4-21)最后一项可写为：

$$\int_{\Gamma_1} \left( F^*_{ikj} \tau_j \frac{t_n}{2G} - F^*_{ikj} n_j \frac{t_\tau}{2G} + W^*_{ikj} t_j \right) \mathrm{d}\Gamma = \int_{\Gamma_1} \left[ F^*_{ikj} \frac{1}{2G} e_{mj} ( n_m t_n + \tau_m t_\tau ) + W^*_{ikj} t_j \right] \mathrm{d}\Gamma$$

$$= \int_{\Gamma_1} \left( F^*_{ikj} \frac{1}{2G} e_{mj} t_m + W^*_{ikj} t_j \right) \mathrm{d}\Gamma = \int_{\Gamma_1} \left( \frac{1}{2G} F^*_{ikj} e_{mj} + W^*_{ikj} \delta_{jm} \right) t_m \mathrm{d}\Gamma$$

$$= \int_{\Gamma_1} H^*_{ikm} t_m \mathrm{d}\Gamma \qquad (4-23)$$

其中：

$$H^*_{ikm} = \frac{1}{2G} F^*_{ikj} e_{mj} + W^*_{ikj} \delta_{jm} = \frac{1}{4\pi r} ( e_{li} r_{,l} e_{km} + e_{lk} r_{,l} e_{im} + r_{,k} \delta_{im} + r_{,i} \delta_{km} ) \quad (4-24)$$

因此，式(4-21)可重写为：

$$\sigma_{ik}(y) = \int_{\Gamma_2} W^*_{ikj} t_j \mathrm{d}\Gamma - \int_{\Gamma_2} S^*_{ikj} u_j \mathrm{d}\Gamma + \int_{\Omega} W^*_{ikj} b_j \mathrm{d}\Omega + F^*_{ikj} u_j \Big|_{x=x_1}^{x_2} +$$

$$\int_{\Gamma_1} F^*_{ikj} ( n_j \omega_2 - \tau_j \omega_1 ) \mathrm{d}\Gamma + \int_{\Gamma_1} H^*_{ikj} t_j \mathrm{d}\Gamma \qquad (4-25)$$

上述的变换仅在 $\Gamma_1$ 边界上进行，边界变量为 $\omega_j$ 和 $t_j$，$\Gamma_2$ 上积分式仍为常规形式，边界变量为 $u_j$ 和 $t_j (j=1,2)$。本文称式(4-25)为内点应力自然边界积分方程。当内点 $y$ 趋近 $\Gamma_1$ 时,式(4-13)和式(4-25)仅存在几乎强奇异积分,代替了式(4-2)和式(4-3)的超奇异积分方程。因此,从式(4-13)和(4-25)出发,可以求得离边界更近区域的应力分布。

### 4.2.3　数值算例

使用自然边界元法求解近边界应力的过程为:先解常规位移边界积分方程(4-6)求得边界面力和位移,再从自然边界积分方程(4-7)求得自然边界张量 $\omega_j$,然后代入内点应力自然边界积分方程(4-25)计算内点应力。当内点 $y$ 趋近边界时,注意到式(4-25)存在几乎强奇异积分,直接的 Gauss 数值积分都将失效。为此,这里引用文[212]建立的一个正则化算法对几乎奇异积分进行计算。自然边界元法计算近边界内点应力的流程如图 4-3 所示。

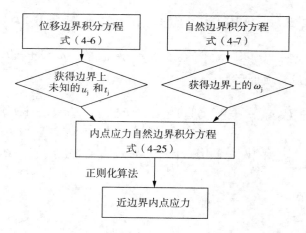

图 4-3　自然边界元法计算近边界内点应力流程图

### 例 4.1　纯弯曲深梁近边界内点应力

纯弯曲梁见图 4-4a,弹性模量 $E=192\mathrm{GPa}$,泊松比 $\upsilon=0.2$,载荷集度 $p=10^4\mathrm{N/mm^2}$,梁厚 $h=1\mathrm{mm}$。

根据对称性,取该梁右半部分结构进行分析,计算模型见图 4-4b,边界共划分 64 个均匀线性单元。分别用常规直接法、常规正则化算法和自然正则化算法计算角点 $A$ 附近内点的应力,计算结果列入表 4-1。本节算例中,常规直接法指采用常规的应力边界积分方程(4-3)并直接用 Gauss 积分法计算几乎奇异积分;常规正则化算法指采用常规应力边界积分方程(4-3)并使用正则化算法[212];自然正则化算法指用应力自然边界积分方程(4-25)并使用正则化算法[212]。

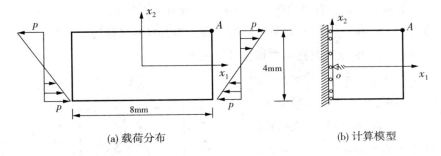

(a) 载荷分布　　　　　　　　　　　　(b) 计算模型

图 4-4　纯弯曲梁

表 4-1　纯弯曲深梁的内点应力 $\sigma_x$ (N/ mm$^2$)

| 点的坐标 | | 常规<br>直接法 | 常规正<br>则化算法 | 自然正<br>则化算法 | 精确解 | 接近度 $e$ |
|---|---|---|---|---|---|---|
| $x_1$ (mm) | $x_2$ (mm) | | | | | |
| 3.80000 | 1.80000 | 9047.79 | 8993.41 | 8992.06 | 9000.00 | $8.0e-1$ |
| 3.86000 | 1.86000 | 9231.14 | 9289.38 | 9290.57 | 9300.00 | $5.6e-1$ |
| 3.87000 | 1.87000 | 6746.36 | 9338.37 | 9340.83 | 9350.00 | $5.2e-1$ |
| 3.99000 | 1.99000 | × | 9939.75 | 9953.72 | 9950.00 | $4.0e-2$ |
| 3.99900 | 1.99900 | × | 10086.9 | 9999.87 | 9995.00 | $4.0e-3$ |
| 3.99970 | 1.99970 | × | 10154.9 | 10003.4 | 9998.50 | $1.2e-3$ |
| 3.99990 | 1.99990 | × | 10187.6 | 10004.4 | 9999.50 | $4.0e-4$ |
| 3.99991 | 1.99991 | × | 11010.0 | 10004.5 | 9999.55 | $3.6e-4$ |
| 3.99992 | 1.99992 | × | 4671.64 | 10004.5 | 9999.60 | $3.2e-4$ |
| 3.99999 | 1.99999 | × | × | 10007.9 | 9999.95 | $4.0e-5$ |
| 3.999995 | 1.999995 | × | × | 9839.78 | 9999.98 | $2.0e-5$ |
| 3.999997 | 1.999997 | × | × | 8807.44 | 9999.99 | $1.2e-5$ |
| 3.999998 | 1.999998 | × | × | 7212.09 | 9999.99 | $8.0e-6$ |
| 3.9999985 | 1.9999985 | × | × | × | 9999.99 | $6.0e-6$ |

由表 4-1 可见,在计算纯弯曲深梁近边界内点应力时,常规直接法在接近度为 0.52 时计算结果失效,常规正则化算法在接近度为 $3.6\times10^{-4}$ 时计算

结果开始失效,减小接近度约 3 个量级。本文自然正则化算法在接近度为 $2.0 \times 10^{-5}$ 时计算结果仍然较好,因此,相对常规正则化算法,又减小接近度超过 1 个量级。注意到表中的内点应力结果在有效计算范围存在少许误差,部分是方程(4-6)和方程(4-7)的边界位移、面力以及自然张量的计算误差所致。

### 例 4.2 中心开圆孔的方板受单向拉伸

如图 4-5 所示,正方形板边长为 $L=60$,中心圆孔半径 $a=1$,板厚 $h=1$,外载 $q=10$。板材料的弹性常数 $E=21, \upsilon=0.3$。假设所有单位是相容的。

取该板内外边界划分网格,内边界取 96 个线性元,外边界取 16 个线性元。 分别用常规直接

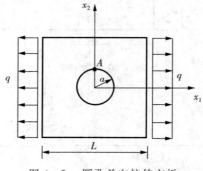

图 4-5 圆孔单向拉伸方板

法、常规正则化算法、自然直接法和自然正则化算法共四种方案计算 $x_2$ 轴上内孔边界点 A 附近内点的应力,其中自然直接法是采用自然应力边界积分方程(4-25)并直接用 Gauss 积分法计算几乎奇异积分。采用线性单元的计算结果见表 4-2。

从表 4-2 可以看出,在计算近边界内点应力时,常规直接法在接近度 $e=0.1$ 附近已经失效,自然直接法在 $e=0.015$ 时开始变坏,常规正则化算法在 $e=1.5 \times 10^{-4}$ 时失效,自然正则化算法直到 $e=3.1 \times 10^{-6}$ 时才失效。

对板的内孔边界加倍细分网格,采用 96 个二次等参元,外边界用 8 个二次等参元。分别用同样的四种方案计算 $x_2$ 轴上内孔边界点 A 附近的内点应力,计算结果见表 4-3。常规正则化算法在 $e=3.06 \times 10^{-4}$ 时就已失效,自然正则化算法在 $e=3.06 \times 10^{-6}$ 时才失效。比较表 4-2 和表 4-3,在有效的计算范围内,二次元比线性元的误差小。

表 4-2 $x_2$ 轴上孔边 A 点附近内点环向应力线性元计算结果

| 径向坐标 | 常规直接法 | 常规正则化算法 | 自然直接法 | 自然正则化算法 | 精确解 | 接近度 $e$ |
|---|---|---|---|---|---|---|
| 1.05 | 26.9076 | 26.9077 | 26.9813 | 26.9813 | 26.8757 | $7.60e-01$ |

（续表）

| 径向坐标 | 常规直接法 | 常规正则化算法 | 自然直接法 | 自然正则化算法 | 精确解 | 接近度 $e$ |
|---|---|---|---|---|---|---|
| 1.01 | 31.6461 | 29.4733 | 29.5906 | 29.5821 | 29.3162 | $1.50e-01$ |
| 1.006 | 14.7983 | 29.8871 | 29.9427 | 29.9621 | 29.5859 | $9.00e-02$ |
| 1.004 | × | 30.1692 | 30.0055 | 30.2007 | 29.7226 | $6.00e-02$ |
| 1.001 | × | 30.9940 | 32.4971 | 30.8069 | 29.9302 | $1.50e-02$ |
| 1.0003 | × | 31.6447 | 25.2630 | 31.2269 | 29.9790 | $4.60e-03$ |
| 1.00007 | × | 32.4247 | 18.8501 | 31.6986 | 29.9951 | $1.10e-03$ |
| 1.00002 | × | 32.0784 | × | 32.0958 | 29.9986 | $3.10e-04$ |
| 1.00001 | × | 44.0111 | × | 32.3144 | 29.9993 | $1.50e-04$ |
| 1.000003 | × | × | × | 32.6893 | 29.9998 | $4.60e-05$ |
| 1.000001 | × | × | × | 32.9075 | 29.9999 | $1.50e-05$ |
| 1.0000005 | × | × | × | 32.2637 | 30.0000 | $7.60e-06$ |
| 1.0000002 | × | × | × | 47.0388 | 30.0000 | $3.10e-06$ |
| 1.0000001 | × | × | × | × | 30.0000 | $1.50e-06$ |

**表 4-3　$x_2$ 轴上孔边 $A$ 点附近内点环向应力二次元计算结果**

| 径向坐标 | 常规直接法 | 常规正则化算法 | 自然直接法 | 自然正则化算法 | 精确解 | 接近度 $e$ |
|---|---|---|---|---|---|---|
| 1.025 | 28.5590 | 28.4097 | 28.4332 | 28.4339 | 28.3483 | $7.60e-1$ |
| 1.015 | 36.8145 | 29.0371 | 29.1128 | 29.0763 | 28.9861 | $4.60e-1$ |
| 1.006 | × | 29.6735 | 30.2711 | 29.7260 | 29.5859 | $1.80e-1$ |
| 1.004 | × | 29.8579 | 29.5312 | 29.9019 | 29.7226 | $1.20e-1$ |
| 1.001 | × | 30.3300 | 20.6530 | 30.2895 | 29.9302 | $3.06e-2$ |
| 1.0003 | × | 30.6966 | × | 30.5353 | 29.9790 | $9.17e-3$ |
| 1.00002 | × | 31.1158 | × | 30.9772 | 29.9986 | $6.11e-4$ |
| 1.00001 | × | 34.3234 | × | 31.0866 | 29.9993 | $3.06e-4$ |
| 1.000001 | × | × | × | 31.4486 | 29.9999 | $3.06e-5$ |
| 1.0000005 | × | × | × | 31.3551 | 30.0000 | $1.53e-5$ |

（续表）

| 径向坐标 | 常规直接法 | 常规正则化算法 | 自然直接法 | 自然正则化算法 | 精确解 | 接近度 $e$ |
|---|---|---|---|---|---|---|
| 1.0000002 | × | × | × | 32.2237 | 30.0000 | $6.11e-6$ |
| 1.0000001 | × | × | × | × | 30.0000 | $3.06e-6$ |
| 1.0000000 | 30.0891 | 30.0893 | 30.0882 | 30.1331 | 30.0000 | 边界点 |

综合比较算例 4.1 和 4.2 的结果，应力自然边界积分方程比常规应力边界积分方程获得离边界更近的应力分布，一般能减少接近度超过 1 个数量级。特别当结合正则化算法时，应力自然边界积分方程计算的近边界点应力的有效范围在接近度 $e$ 达到 $1 \times 10^{-5}$ 左右。这已经离边界非常近，基本解决了过去边界元法不能计算近边界物理量的缺陷。

# 4.3 热应力自然边界积分方程

## 4.3.1 热弹性力学自然边界张量

在不计体力的情况下，二维稳态温度场常规位移边界积分方程为

$$C_{ij}(y)u_j(y) = \int_{\Gamma}[U_{ij}^* t_j(x) - T_{ij}^* u_j(x)]\mathrm{d}\Gamma +$$

$$\int_{\Gamma}\left[R_i T(x) - Q_i \frac{\partial T}{\partial n}(x)\right]\mathrm{d}\Gamma \qquad (4-26)$$

其中 $i, j = 1, 2$，$x$ 为场点，$y$ 为源点，$C_{ij}(y)$ 为位移奇性系数。$u_j(x)$、$t_j(x)$ 是边界 $\Gamma$ 上的位移和面力分量，$T(x)$ 和 $\partial T(x)/\partial n$ 是 $\Gamma$ 上的温度和法向温度梯度。$U_{ij}^*$、$T_{ij}^*$ 是基本解及其导数，其表达式参见式（3-2,3）。若以 $r$ 表示源点到场点的距离，$n_i$ 为外法向 $n$ 的余弦分量，$v$ 为泊松比，$\alpha$ 为材料的线胀系数，则对平面应变问题 $R_i$、$Q_i$ 分别可表为：

$$R_i = \frac{\alpha(1+v)}{4\pi(1-v)}\left[\left(\ln\frac{1}{r} - \frac{1}{2}\right)n_i - r_{,i} r_{,n}\right] \qquad (4-27)$$

$$Q_i = \frac{\alpha(1+\upsilon)}{4\pi(1-\upsilon)}\left(\ln\frac{1}{r}-\frac{1}{2}\right)r_i \qquad (4-28)$$

若以 $x_i$ 和 $y_i$ 分别表示场点和源点的坐标分量,则式(4-27,28)中 $r_i = x_i - y_i, r = (r_i r_i)^{1/2}, r_{,n} = \cos(r,n) = r_{,i}n_i, r_{,i}$ 为 $r$ 对场点坐标 $x_i$ 的一阶偏导。

当 $y$ 为内点时,式(4-26)中 $C_{ij}(y)=1$,将式(4-26)在源点 $y$ 处沿 $y_k(k=1,2)$ 方向求导,利用 $r_{,in}=(n_i-r_{,i}r_{,n})/r$ 和 $(r_i)'_k=\delta_{ik}$,并注意到 $r_{,k(y)}=-r_{,k(x)}$,得到热弹性力学内点的位移导数积分方程:

$$u_{i,k}(y) = \int_\Gamma U^*_{ij,k}t_j(x)\mathrm{d}\Gamma - \int_\Gamma T^*_{ij,k}u_j(x)\mathrm{d}\Gamma +$$
$$\int_\Gamma\left[R_{i,k}T(x)-Q_{i,k}\frac{\partial T}{\partial n}(x)\right]\mathrm{d}\Gamma \qquad (4-29)$$

其中:

$$R_{i,k} = (R_i)'_{k(y)} = \frac{\alpha(1+\upsilon)}{4\pi(1-\upsilon)r}(r_{,k(x)}n_i+r_{,i(x)}n_k+\delta_{ik}r_{,n}-2r_{,i(x)}r_{,k(x)}r_{,n}) \qquad (4-30)$$

$$Q_{i,k} = (Q_i)'_{k(y)} = -\frac{\alpha(1+\upsilon)}{4\pi(1-\upsilon)}\left[\delta_{ik}\left(\ln\frac{1}{r}-\frac{1}{2}\right)-r_{,i(x)}r_{,k(x)}\right] \qquad (4-31)$$

在式(4-29)的两侧分别乘上符号算子 $\delta_{ik}$ 和置换张量 $-e_{ik}$($e_{ik}\big|_{i=k}=0, e_{12}=1, e_{21}=-1$),且注意到

$$\delta_{ik}R_{i,k} = \frac{\alpha(1+\upsilon)r_{,n}}{2\pi(1-\upsilon)r} \qquad (4-32)$$

$$-e_{ik}R_{i,k} = 0 \qquad (4-33)$$

$$\delta_{ik}Q_{i,k} = -\frac{\alpha(1+\upsilon)}{2\pi(1-\upsilon)}\left(\ln\frac{1}{r}-1\right) \qquad (4-34)$$

$$-e_{ik}Q_{i,k} = 0 \qquad (4-35)$$

经过逐项张量运算可以得到

$$\begin{cases}
\delta_{ik}u_{i,k}(y) = \frac{1-2\upsilon}{2\pi(1-\upsilon)}\left[\frac{1}{2G}\int_\Gamma\frac{r_{,j}}{r}t_j(x)\mathrm{d}\Gamma+\int_\Gamma\frac{1}{r^2}(2r_{,j}r_{,n}-n_j)u_j(x)\mathrm{d}\Gamma\right]+ \\
\frac{\alpha(1+\upsilon)}{2\pi(1-\upsilon)}\int_\Gamma\left[\frac{r_{,n}}{r}T(x)-(\ln r+1)\frac{\partial T}{\partial n}(x)\right]\mathrm{d}\Gamma \qquad (4-36) \\
-e_{ik}u_{i,k}(y) = \frac{1}{\pi}\left[\frac{1}{2G}\int_\Gamma\frac{r_{,k}}{r}e_{kj}t_j(x)\mathrm{d}\Gamma-\int_\Gamma\frac{1}{r^2}(2r_{,j}r_{,\tau}-\tau_j)u_j(x)\mathrm{d}\Gamma\right]
\end{cases}$$

式中 $G$ 为剪切模量。

当源点 $y$ 趋近于边界 $\Gamma$ 时,式(4-36)右边的第一、二项积分分别为几乎强奇异和几乎超奇异积分。将在内点积分时发生几乎奇异积分的边界设为 $\Gamma_1$,不发生几乎奇异积分的边界设为 $\Gamma_2$,则有 $\Gamma = \Gamma_1 + \Gamma_2$,将 $\Gamma_1$ 和

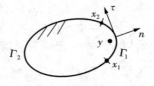

图 4-6 积分单元 $\Gamma_1$ 和 $\Gamma_2$

$\Gamma_2$ 的两交界点分别记为 $x_1$、$x_2$,如图 4-6 所示。沿边界定义自然坐标 $n$、$\tau$,$n$ 表示边界法向,$\tau$ 表示切向。在边界 $\Gamma_1$ 上引入自然边界变量 $\omega_1$、$\omega_2$,其表达式见式(4-8)。

将式(4-36)中产生几乎奇异性的积分与不产生几乎奇异性的积分分开,对产生几乎奇异积分的部分做分部积分运算,并引入式(4-8)定义的自然边界变量 $\omega_i (i=1,2)$,可得:

$$
\begin{cases}
\varphi \omega_1(y) = \int_{\Gamma_1} \left( \frac{r_{,n}}{r} \omega_1 + \frac{r_{,\tau}}{r} \omega_2 \right) \mathrm{d}\Gamma - \frac{r_{,k}}{r} e_{kj} u_j \Big|_{x=x_1}^{x_2} + \\
\qquad \int_{\Gamma_2} \left[ \frac{r_{,j}}{r} \frac{t_j}{2G} + \frac{1}{r^2} (2 r_{,j} r_{,n} - n_j) u_j \right] \mathrm{d}\Gamma + \\
\qquad \frac{\alpha(1+\upsilon)}{2\pi(1-\upsilon)} \int_{\Gamma} \left[ \frac{r_{,n}}{r} T - (\ln r + 1) \frac{\partial T}{\partial n} \right] \mathrm{d}\Gamma \qquad y \in \Gamma_1 \quad (4-37) \\
\varphi \omega_2(y) = \int_{\Gamma_1} \left( -\frac{r_{,\tau}}{r} \omega_1 + \frac{r_{,n}}{r} \omega_2 \right) \mathrm{d}\Gamma + \frac{r_{,j}}{r} u_j \Big|_{x=x_1}^{x_2} + \\
\qquad \int_{\Gamma_2} \left[ \frac{r_{,k}}{r} e_{kj} \frac{t_j}{2G} - \frac{1}{r^2} (2 r_{,j} r_{,\tau} - \tau_j) u_j \right] \mathrm{d}\Gamma
\end{cases}
$$

其中 $\varphi$ 为边界 $\Gamma$ 在 $y$ 处两侧切线的内夹角。在通过式(4-26)获得边界位移和面力的前提下,由式(4-37)可以解出边界上的自然变量 $\omega_1$ 和 $\omega_2$,称式(4-37)为热弹性力学自然边界积分方程。

### 4.3.2 热应力自然边界积分方程

将常规的导数积分方程(4-29)代入到几何方程得到应变后,根据热弹性力学本构关系可以得到常规的热弹性力学应力边界积分方程:

$$
\sigma_{ik}(y) = \int_{\Gamma} \left[ W^*_{ikj} t_j(x) - S^*_{ikj} u_j(x) \right] \mathrm{d}\Gamma + \int_{\Gamma} \left[ R'_{ik} T(x) - Q'_{ik} \frac{\partial T}{\partial n}(x) \right] \mathrm{d}\Gamma - \sigma^0_{ik}(y) \quad (4-38)
$$

其中 $\sigma_{ik}^0(y)$ 为温度初应变 $\varepsilon_{ik}^0 = \alpha T \delta_{ik}$ 对应的温度初应力：

$$\sigma_{ik}^0(y) = 2G\varepsilon_{ik}^0 + \lambda\varepsilon_{ll}^0\delta_{ik} = 2G\left(\varepsilon_{ik}^0 + \frac{\upsilon}{1-2\upsilon}\varepsilon_{ll}^0\delta_{ik}\right) = 2G\frac{1+\upsilon}{1-2\upsilon}\alpha T\delta_{ik} \quad (4-39)$$

对平面应变问题：

$$R'_{ik} = \frac{G\alpha(1+\upsilon)}{2\pi(1-\upsilon)r}\left[\frac{\partial r}{\partial n}\left(\frac{1}{1-2\upsilon}\delta_{ik} - 2r_{,i}r_{,k}\right) + n_i r_{,k} + n_k r_{,i}\right] \quad (4-40)$$

$$Q'_{ik} = \frac{G\alpha(1+\upsilon)}{2\pi(1-\upsilon)}\left[r_{,i}r_{,k} - \frac{1}{1-2\upsilon}\left(\ln\frac{1}{r} - \frac{1+2\upsilon}{2}\right)\delta_{ik}\right] \quad (4-41)$$

常规热弹性力学边界积分方程(4-38)中 $W_{ikj}^*$ 具有强奇异性，$S_{ikj}^*$ 具有超奇异性。为消除 $S_{ikj}^*$ 的超奇异性，将式(4-29)中发生几乎超奇异积分的 $\int_{\Gamma_1} T_{ij,k}^* u_j \mathrm{d}\Gamma$ 做分部积分运算：

$$\int_{\Gamma_1} T_{ij,k}^* u_j \mathrm{d}\Gamma = -\int_{\Gamma_1} \frac{\partial E_{ij,k}^*}{\partial \tau} u_j \mathrm{d}\Gamma = -E_{ij,k}^* u_j \Big|_{x=x_1}^{x_2} + \int_{\Gamma_1} E_{ij,k}^* \frac{\partial u_j}{\partial \tau} \mathrm{d}\Gamma \quad (4-42)$$

其中：

$$E_{ij,k}^* = -\frac{1}{4\pi(1-\upsilon)r}\big[2(1-\upsilon)e_{mk}r_{,m}\delta_{ij} - 2e_{jl}r_{,i}r_{,k}r_{,l} +$$
$$(1-2\upsilon)e_{ij}r_{,k} + e_{jl}(r_{,l}\delta_{ik} + r_{,i}\delta_{lk})\big] \quad (4-43)$$

将式(4-42)代入式(4-29)，并利用热弹性力学的本构关系，可以导出另一种内点热应力积分方程：

$$\sigma_{ik}(y) = \int_{\Gamma} W_{ikj}^* t_j \mathrm{d}\Gamma - \int_{\Gamma_2} S_{ikj}^* u_j \mathrm{d}\Gamma - \int_{\Gamma_1} F_{ikj}^* \frac{\partial u_j}{\partial \tau} \mathrm{d}\Gamma + F_{ikj}^* u_j \Big|_{x=x_1}^{x_2} +$$
$$\int_{\Gamma}\left(R'_{ik}T - Q'_{ik}\frac{\partial T}{\partial n}\right)\mathrm{d}\Gamma - \sigma_{ik}^0(y) \quad (4-44)$$

式中：

$$F_{ikj}^* = -\frac{G}{2\pi(1-\upsilon)r}\big[(1-\upsilon)(e_{mk}r_{,m}\delta_{ij} + e_{mi}r_{,m}\delta_{kj}) - 2e_{jm}r_{,i}r_{,k}r_{,m}$$
$$-\upsilon(e_{ij}r_{,k} + e_{kj}r_{,i}) - (1-2\upsilon)e_{mj}\delta_{ik}r_{,m}\big] \quad (4-45)$$

观察发现 $F_{ikj}^*$ 仅具有强奇异性。于是，式(4-38)中的超奇异积分项 $S_{ikj}^*$ 转化成了式(4-44)中的强奇异积分核 $F_{ikj}^*$。但式(4-44)中却衍生出了位移沿边界的

切向导数 $\partial u_j / \partial \tau$，这并不是一个已知的量，亟待消除。现将式(4-44)右端第一项在 $\Gamma_1$ 上的积分和第三项积分联合起来，借助自然边界变量的表达形式有

$$\int_{\Gamma_1} \left( W_{ikj}^* t_j - F_{ikj}^* \frac{\partial u_j}{\partial \tau} \right) \mathrm{d}\Gamma = \int_{\Gamma_1} (F_{ikj}^* n_j \omega_2 - F_{ikj}^* \tau_j \omega_1) \mathrm{d}\Gamma +$$

$$\int_{\Gamma_1} \left( F_{ikj}^* \tau_j \frac{t_n}{2G} - F_{ikj}^* n_j \frac{t_\tau}{2G} + W_{ikj}^* t_j \right) \mathrm{d}\Gamma \tag{4-46}$$

式(4-46)进一步说明两强奇异积分之和通过变量 $\omega_1, \omega_2$ 可以计算。将式(4-46)代入式(4-44)，并整理得：

$$\sigma_{ik}(y) = \int_{\Gamma_2} W_{ikj}^* t_j \mathrm{d}\Gamma - \int_{\Gamma_2} S_{ikj}^* u_j \mathrm{d}\Gamma + F_{ikj}^* u_j \Big|_{x=x_1}^{x_2} + \int_{\Gamma_1} F_{ikj}^* (n_j \omega_2 - \tau_j \omega_1) \mathrm{d}\Gamma$$

$$+ \int_{\Gamma_1} H_{ikj}^* t_j \mathrm{d}\Gamma + \int_{\Gamma} \left( R'_{ik} T - Q'_{ik} \frac{\partial T}{\partial n} \right) \mathrm{d}\Gamma - \sigma_{ik}^0(y) \tag{4-47}$$

其中：

$$H_{ikj}^* = \frac{1}{4\pi r} (e_{li} r_{,l} e_{kj} + e_{lk} r_{,l} e_{ij} + r_{,k} \delta_{ij} + r_{,i} \delta_{kj}) \tag{4-48}$$

至此，将热应力 $\sigma_{ik}(y)$ 表示成了位移 $u_j$、面力 $t_j$、自然边界变量 $\omega_j(j=1,2)$ 的积分形式。当 $y \to \Gamma_1$ 时，式(4-47)仅存在几乎强奇异积分，较原有的超奇异积分降低了一阶奇异性，数值计算出的内点应力会更准确。本文称式(4-47)为热应力自然边界积分方程。

### 4.3.3  数值算例

求解内点热应力的步骤为：首先由常规边界积分方程(4-26)求出边界上未知的位移 $u_j$ 和面力 $t_j$，再由自然边界积分方程(4-37)求出边界上的自然边界变量 $\omega_j(j=1,2)$，然后将两者计算的结果代入热应力自然边界积分方程(4-47)，最后实施正则化计算得出内点的热应力值。

**例 4.3  对边约束方形薄板受均布温升**

根据对称性，取方板的 1/4 部分绘于图 4-7。板的弹性模量 $E = 210\mathrm{GPa}$，泊松比 $\upsilon = 0.3$。已知温升 $\Delta T = 1^\circ\mathrm{C}$，线胀系数 $\alpha = 1.2 \times 10^{-5}\,^\circ\mathrm{C}^{-1}$。在板的 1/4 部分边界划分 16 个线性单元，每个单元长为 $0.5\mathrm{m}$。计算顶点 $A(2\mathrm{m}, 2\mathrm{m})$ 附近沿 $x_1$

$= x_2$ 线上内点的热应力。

**例 4.4　厚壁圆筒受轴对称分布温升**

已知圆筒内半径为 1m，外半径为 2m，见图 4 - 8。材料的弹性模量 $E =$ 210GPa，泊松比 $\upsilon = 0.3$。内壁温升 1℃，外壁温升 0℃，线胀系数 $\alpha = 1.2 \times 10^{-5}℃^{-1}$。圆环的内外边界各划分 96 个节点，分别采用线性元和二次元计算外边界附近内点 $B$(半径为 $r$ 处)的热应力。

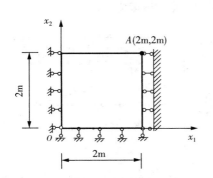
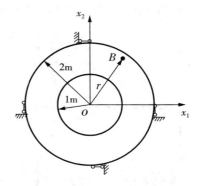

图 4 - 7　方形薄板受均布温升　　图 4 - 8　厚壁圆筒受轴对称温升

例 4.3 和例 4.4 的计算结果分别见图 4 - 9 和图 4 - 10。图中普通常规方法 (CBEM without regularization) 指采用常规热应力边界积分方程(4 - 38)并用高斯积分法计算几乎奇异积分；普通正则化算法(CBEM with regularization) 指采用常规热应力边界积分方程(4 - 38) 并使用几乎奇异积分正则化算法[212] 计算几乎奇异积分；自然正则化算法(NBEM with regularization) 采用热应力自然边界积分方程(4 - 47)并利用几乎奇异积分正则化算法[212]。

从图 4 - 9 可以看出，在计算板内点热应力时，普通常规方法在 $x_1 > 1.88$m 时计算结果失效；普通正则化算法在 $x_1 = 1.99996$m 时计算误差开始增大，$x_1 > 1.99998$m 后计算结果开始失效；本文的自然正则化算法在 $x_1 = 1.9999999$m 时计算结果仍然十分精确，由于本例的几何形状和边界条件均为线性，本文的自然正则化算法与解析解吻合得非常好。

由图 4 - 10a 可以看出，线性元在计算受轴对称温升厚壁圆筒内的温度应力时，普通常规方法在 $x_1 > 1.97$m 后计算结果失效，普通正则化算法在 $x_1 = 1.99996$m 时计算结果开始失效，本文自然正则化算法在 $x_1 = 1.9999995$m 时计算结果仍然有效。对照图 4-10 中的 a 和 b,可以看出二次元计算结果明显比线性元精度更高,图 4-10b 显示,自然正则化算法在 $x_1 = 1.9999997$m 时计算结果精度依然很高。

本节将热弹性力学边界元法中的几乎超、强奇异积分化为强奇异积分,得到了热应力自然边界积分方程。相对常规的热应力边界积分方程,其离散计算过程中引起的几乎奇异积分阶次减小了一阶,因此在相同的单元划分前提下,热应力自然边界积分方程可以求得离边界更近的内点的温度应力。

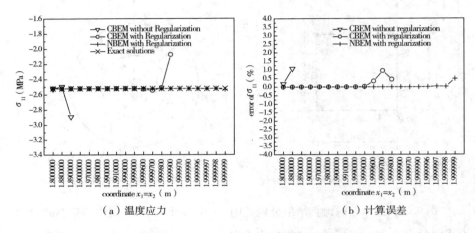

图 4-9　例 4.3 近边界内点热应力计算结果

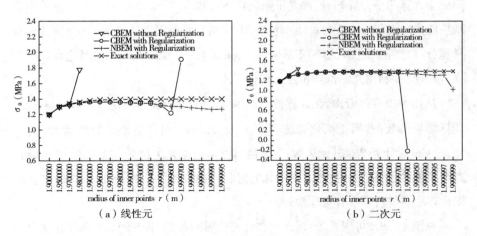

图 4-10　例 4.4 近边界内点热应力计算结果

## 4.4　多域自然应力边界积分方程

为使边界元法能有效分析多种材料组成结构的近边界内点应力,须将整个求解域剖分为多个子域,在每个子域建立自然边界积分方程,利用两种介质(如介质I和II)界面上任一点在两种介质中的位移相等、面力和自然张量连续的条件:

$$\begin{cases} u_k(\mathrm{I}) = u_k(\mathrm{II}) \\ t_k(\mathrm{I}) = -t_k(\mathrm{II}) \qquad (k=1,2) \\ \omega_k(\mathrm{I}) = -\omega_k(\mathrm{II}) \end{cases} \qquad (4-49)$$

将不同子域内的位移边界积分方程(4-6)联立起来,求解出边界和交界上未知的位移和面力分量;将不同子域内的自然边界积分方程(4-7)联立起来,求解得到边界和交界上的自然边界张量;获得边界未知量后,利用各域内的应力自然边界积分方程(4-25),并采用正则化算法处理出现的几乎强奇异积分,可以计算多域系统中近边界内点的应力值。

**例4.5　双层异质圆筒受均匀内压**

以内外层为不同材料的双层圆筒受均匀内压为例,考察交界附近内点 $A$ 的应力。根据对称性取结构四分之一考虑,如图4-11所示。

图4-11中尺寸 $r_1=1\mathrm{mm}$, $r_2=2\mathrm{mm}$, $r_3=4\mathrm{mm}$,内压 $q=1\mathrm{MPa}$。内外层材料的弹性模量和泊松比分别为 $E_1=304\mathrm{GPa}$、$\upsilon_1=0.27$ 和 $E_2=206\mathrm{GPa}$、$\upsilon_2=0.30$,此例为平面应变问题。

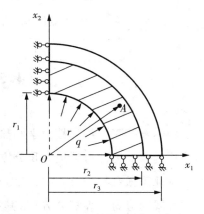

图4-11　双层圆筒受均匀内压

边界元法采用二次等参元将弧线边界各划分为12个单元,将直线边界各划分为3个单元。分别采用常规应力边界积分方程(4-3),并对出现的几乎奇异积分施以正则化[212](CBIE with regularization),以及本文的自然应力边界积分方程(4-25)并对其中的几乎强奇异积分运用正则化处理(NBIE with regularization)两种方法进行计算。近边界内点的径向应力和切向应力计算结果分别列于图 4-12 和图 4-13。

由图 4-12 可以看出,计算内点径向应力时常规边界元正则化算法在 $r=1.9999\,\mathrm{mm}$ 时开始失效,而本文的自然边界元正则化算法在 $r=1.999999\,\mathrm{mm}$ 时才开始失效。由图 4-13 可知在计算内点切向应力时,常规方法同样在 $r=1.9999\,\mathrm{mm}$ 处失效,本文结果在 $r=1.999999\,\mathrm{mm}$ 处结果精度仍然很高,甚至在 $r=1.9999995\,\mathrm{mm}$ 处都依然有效。在内外层交界位置为 $r=r_2=2.0\,\mathrm{mm}$ 处,显然可以看出,本文方法能计算更加靠近交界内点的应力值。

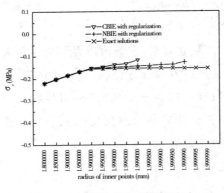
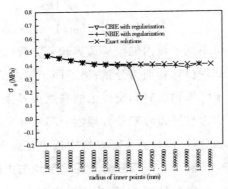

图 4-12　近边界内点径向应力　　　图 4-13　近边界内点切向应力

## 4.5　小　　结

本章基于二维弹性力学和热弹性力学问题的位移导数积分方程建立了计算内点应力的自然边界积分方程,这是一类新的导数场边界积分方程,仅含有几乎强奇异积分,取代了常规应力边界积分方程中的超奇异积分。相对常规的应力边界积分方程,其离散计算过程中引起的几乎奇异积分阶次减小了一阶,因此联合正则化算法处理此几乎强奇异积分,自然应力边界积分方程可以求解离边界更近区域的应力分布。使用应力自然边界积分方程计算的近边界内点应力有效范围的接近度 $e$ 在 $1\times10^{-5}$ 左右,同常规应力边界积分方程相比,一般能减少接近度约两个数量级。

# 第 5 章　常规边界元法分析 V 形切口应力奇性指数

## 5.1　引　言

在 V 形切口尖端附近,会产生多重应力奇异性并存现象,切口尖端附近的应力场是多重奇异应力的叠加(Chen DH,1996)[84]。在某些方向上,譬如对应于最强的应力奇异性指数的角函数为零的方向,甚至是较弱的应力奇异性占支配地位。因此,确定各阶应力奇异性指数,对于完整地描述奇异点附近的应力场,进而对其进行强度评价,具有重要意义。

Williams(1952)[86] 利用特征函数法建立了 V 形切口应力奇性指数的特征方程,指出应力在切口尖端处奇异性的强弱与切口张角有关,但该特征方程没有解析解。近年来,一些研究者相继开展了利用数值分析或实验方法确定多重应力奇性指数的研究。Gu L 等(1994)[107] 提出通过构造特殊的有限元法来求解应力奇性指数。平学成和陈梦成(2001)[109] 提出了切口尖端近似场的非协调有限元特征分析法,计算了任意形状楔形体尖端附近近似奇异应力场和位移场。许金泉等(2000)[238] 提出利用常规边界元法计算出切口附近的应力场,再据此来确定多重应力奇性指数及其相应的应力强度系数。亢一澜等(1995)[239] 提出了确定应力奇性指数的实验方法。在有关切口的众多研究中,尚未发现运用边界元法直接计算 V 形切口尖端应力奇性指数的报道。

本章基于线弹性力学理论,将 V 形切口尖端附近的位移场和应力场按级数渐近展开,后代入常规边界积分方程中,离散以后得到关于切口应力奇性指数的特征方程,采用通常的 QR 方法即可获得切口尖端的应力奇性指数。该法无需在切口尖端细分单元,计算量小且精度高,是一类新的边界元法分析切口技术。

## 5.2　常规的位移边界积分方程用于 V 形切口

### 5.2.1　V 形切口尖端附近的位移和应力表达式

图 5 - 1a 所示为含 V 形切口的结构,切口张角为 $\alpha = 2\pi - \theta_1 - \theta_2$。以切口尖端 $O$ 为圆心从结构中取出一半径为 $\rho$ 的微小扇形,如图 5 - 1b,扇形圆弧边界记为 $\Gamma_R$,两半径边界分别记为 $\Gamma_1$ 和 $\Gamma_2$,设边界 $\Gamma_1$ 和 $\Gamma_2$ 上面力为零。以切口尖端 $O$ 作为原点(或极点),定义一个直角坐标系 $Ox_1x_2$、一个自然坐标系 $On\tau$ 和一个极坐标系 $O\rho\theta$。

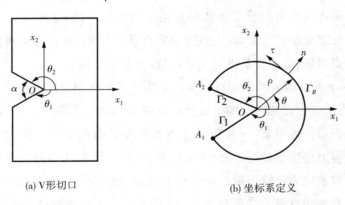

(a) V形切口　　　　　　　　　　　(b) 坐标系定义

图 5 - 1　V 形切口及坐标系的定义

在线弹性分析过程中,将图 5 - 1b 切口尖端区域渐近位移场表达成极坐标 $\rho$ 的一系列级数展开(Yosibash Z 等,1996[240]),展开式的典型项为:

$$
\begin{cases}
u_\rho(\rho,\theta) = \rho^{\lambda+1} u_\rho(\theta) \\
u_\theta(\rho,\theta) = \rho^{\lambda+1} u_\theta(\theta)
\end{cases}
\tag{5-1}
$$

其中 $\lambda$ 为切口应力奇性指数,$u_\rho(\theta)$ 和 $u_\theta(\theta)$ 为 $\lambda$ 对应的特征角函数,为书写方

便以下将 $u_\rho(\theta)$ 与 $u_\theta(\theta)$ 简写为 $u_\rho$ 和 $u_\theta$。将式(5-1)代入到极坐标系下的几何方程：

$$\begin{cases} \varepsilon_\rho = \dfrac{\partial u_\rho}{\partial \rho} \\[3mm] \varepsilon_\theta = \dfrac{u_\rho}{\rho} + \dfrac{1}{\rho}\,\dfrac{\partial u_\theta}{\partial \theta} \\[3mm] \gamma_{\rho\theta} = \dfrac{1}{\rho}\,\dfrac{\partial u_\rho}{\partial \theta} + \dfrac{\partial u_\theta}{\partial \rho} - \dfrac{u_\theta}{\rho} \end{cases} \qquad (5-2)$$

得到以 $u_\rho$ 和 $u_\theta$ 表示的应变：

$$\begin{cases} \varepsilon_\rho = (1+\lambda)\rho^\lambda u_\rho \\[2mm] \varepsilon_\theta = \rho^\lambda u_\rho + \rho^\lambda u'_\theta \\[2mm] \gamma_{\rho\theta} = \rho^\lambda u'_\rho + \lambda\rho^\lambda u_\theta \end{cases} \qquad (5-3)$$

式中 $(\cdots)' = \mathrm{d}(\cdots)/\mathrm{d}\theta$。若按平面应力问题考虑,将上式代入如下的物理方程：

$$\begin{cases} \sigma_\rho = \dfrac{E}{1-v^2}(\varepsilon_\rho + v\varepsilon_\theta) \\[3mm] \sigma_\theta = \dfrac{E}{1-v^2}(v\varepsilon_\rho + \varepsilon_\theta) \\[3mm] \sigma_{\rho\theta} = \dfrac{E}{2(1+v)}\gamma_{\rho\theta} \end{cases} \qquad (5-4)$$

得到用 $u_\rho$ 和 $u_\theta$ 及其导数表示的应力分量：

$$\begin{cases} \sigma_\rho = \dfrac{E}{1-v^2}\rho^\lambda\big[(1+v+\lambda)u_\rho + vu'_\theta\big] \\[3mm] \sigma_\theta = \dfrac{E}{1-v^2}\rho^\lambda\big[(1+v+v\lambda)u_\rho + u'_\theta\big] \\[3mm] \sigma_{\rho\theta} = \dfrac{E}{2(1+v)}\rho^\lambda(\lambda u_\theta + u'_\rho) \end{cases} \qquad (5-5)$$

式(5-4,5-5)中的 $E$ 和 $v$ 分别为切口材料的弹性模量和泊松比。

### 5.2.2　边界元法在切口处的运用

忽略体力项,二维常规的位移边界积分方程为：

$$C_{ij}(y)u_j(y) = \int_{\Gamma} U_{ij}^*(x,y)t_j(x)\mathrm{d}\Gamma - \int_{\Gamma} T_{ij}^*(x,y)u_j(x)\mathrm{d}\Gamma \qquad (5-6)$$

式中 $x$ 为场点，$y$ 为源点。$C_{ij}(y)(i,j=1,2)$ 为与 $y$ 处边界几何形状有关的常数，其解析表达式参见文（牛忠荣，2001[241]）。$u_j(x)$ 与 $t_j(x)$ 是边界 $\Gamma$ 上的位移和面力分量。对平面应力问题，积分核 $U_{ij}^*(x,y)$ 和 $T_{ij}^*(x,y)$ 的表达式分别为：

$$U_{ij}^*(x,y) = -\frac{1+\upsilon}{8\pi G}\left(\frac{3-\upsilon}{1+\upsilon}\ln r\delta_{ij} - r_{,i}r_{,j}\right) \qquad (5-7a)$$

$$T_{ij}^*(x,y) = \frac{1+\upsilon}{4\pi r}\left[\frac{1-\upsilon}{1+\upsilon}(r_{,i}n_j - r_{,j}n_i) - r_{,n}\left(\frac{1-\upsilon}{1+\upsilon}\delta_{ij} + 2r_{,i}r_{,j}\right)\right] \qquad (5-7b)$$

式中 $(\cdots)_{,i} = \partial(\cdots)/\partial x_i$，$G$ 表示切口材料的切变模量，其他各参量含义见式 $(3-4)$。将边界积分方程 $(5-6)$ 运用到图 5-1b 所示的 V 形切口，细化边界有：

$$C_{ij}(y)u_j(y) = \int_{\Gamma_R} U_{ij}^*(x,y)t_j(x)\mathrm{d}\Gamma - \int_{\Gamma_R} T_{ij}^*(x,y)u_j(x)\mathrm{d}\Gamma + \int_{\Gamma_1} U_{ij}^*(x,y)t_j(x)\mathrm{d}\Gamma$$

$$- \int_{\Gamma_1} T_{ij}^*(x,y)u_j(x)\mathrm{d}\Gamma + \int_{\Gamma_2} U_{ij}^*(x,y)t_j(x)\mathrm{d}\Gamma - \int_{\Gamma_2} T_{ij}^*(x,y)u_j(x)\mathrm{d}\Gamma \qquad (5-8)$$

称式 $(5-8)$ 为切口边界积分方程。

### 5.2.3　切口边界积分方程中积分核的表达式

下面分别推导式 $(5-8)$ 中等号右边 6 个积分核的具体表达式。

设 $n_i$、$\tau_i(i=1,2)$ 分别为边界的法向矢和切向矢方向余弦分量，则在直角坐标系 $Ox_1x_2$ 下位移和面力分量 $u_i$、$t_i(i=1,2)$ 与自然坐标系 $On\tau$ 下位移和面力分量 $u_j$、$t_j(j=n,\tau)$ 的变换关系式为：

$$\begin{bmatrix} u_1 \\ u_2 \end{bmatrix} = \begin{bmatrix} n_1 & \tau_1 \\ n_2 & \tau_2 \end{bmatrix}\begin{bmatrix} u_n \\ u_\tau \end{bmatrix}, \quad \begin{bmatrix} t_1 \\ t_2 \end{bmatrix} = \begin{bmatrix} n_1 & \tau_1 \\ n_2 & \tau_2 \end{bmatrix}\begin{bmatrix} t_n \\ t_\tau \end{bmatrix} \qquad (5-9)$$

#### 5.2.3.1　边界 $\Gamma_R$ 上积分核的表达式

图 5-2 给出了 $\Gamma_R$ 上物理量在不同坐标系下的变换关系，由图可知 $\Gamma_R$ 上位移分量在自然坐标系和极坐标系下的转换式为：

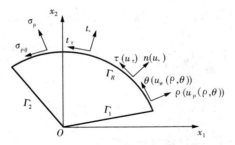

图 5 - 2　$\Gamma_R$ 上物理量的坐标变换关系

$$\begin{cases} u_n(\rho,\theta) = u_\rho(\rho,\theta) \\ u_\tau(\rho,\theta) = u_\theta(\rho,\theta) \end{cases} \tag{5-10}$$

在 $\Gamma_R$ 上面力与应力存在如下的关系：

$$t_n(\rho,\theta) = \sigma_\rho(\rho,\theta), t_\tau(\rho,\theta) = \sigma_{\theta}(\rho,\theta) \tag{5-11}$$

引入式(5 - 9)的坐标变换关系式,从而在 $\Gamma_R$ 上直角坐标系下位移和面力分量为：

$$u_j(\rho,\theta) = n_j u_n(\rho,\theta) + \tau_j u_\tau(\rho,\theta) = \rho^{1+\lambda}(n_j u_\rho + \tau_j u_\theta) \tag{5-12}$$

$$t_j(\rho,\theta) = n_j t_n(\rho,\theta) + \tau_j t_\tau(\rho,\theta) = n_j \sigma_\rho(\rho,\theta) + \tau_j \sigma_{\theta}(\rho,\theta)$$

$$= n_j \frac{E}{1-v^2} \rho^\lambda \left[ (1+v+\lambda)u_\rho + vu'_{\theta} \right] + \tau_j \frac{E}{2(1+v)} \rho^\lambda (\lambda u_\theta + u'_{\rho})$$

$$= \rho^\lambda n_j \frac{2G}{1-v} \left[ (1+\lambda+v)u_\rho + vu'_{\theta} \right] + \rho^\lambda \tau_j G(\lambda u_\theta + u'_{\rho}) \tag{5-13}$$

以上两式中 $j = 1,2$。利用式(5 - 12, 5 - 13),在 $\Gamma_R$ 上边界积分方程积分核的表达式为：

$$U_{ij}^* t_j = -\frac{1+v}{8\pi G} \left( \frac{3-v}{1+v} \ln r \delta_{ij} - r_{,i} r_{,j} \right) t_j$$

$$= -\rho^\lambda \frac{1+v}{8\pi} \left[ u_\rho \left( 1+v+\lambda \right) \left( n_i \ln r \frac{6-2v}{1-v^2} - \frac{2}{1-v} r_{,i} r_{,n} \right) + \right.$$

$$u_\theta \lambda \left( \frac{3-v}{1+v} \ln r \tau_i - r_{,i} r_{,\tau} \right) + u'_{\rho} \left( \frac{3-v}{1+v} \ln r \tau_i - r_{,i} r_{,\tau} \right) +$$

$$\left. u'_{\theta} \left( \frac{6-2v}{1-v^2} v n_i \ln r - \frac{2v}{1-v} r_{,i} r_{,n} \right) \right] \tag{5-14}$$

$$T_{ij}^* u_j = \rho^{1+\lambda} \frac{1+\upsilon}{4\pi r}\left[\frac{1-\upsilon}{1+\upsilon}(r_{,i}n_j - r_{,j}n_i) - r_{,n}\left(\frac{1-\upsilon}{1+\upsilon}\delta_{ij} + 2r_{,i}r_{,j}\right)\right]$$

$$(n_j u_\rho + \tau_j u_\theta) = \rho^{1+\lambda}\frac{1+\upsilon}{4\pi r}\left\{u_\rho\left[\frac{1-\upsilon}{1+\upsilon}(r_{,i} - 2n_i r_{,n}) - 2r_{,i}r_{,n}^2\right]\right.$$

$$\left. - u_\theta\left[\frac{1-\upsilon}{1+\upsilon}(n_i r_{,\tau} + \tau_i r_{,n}) + 2r_{,i}r_{,n}r_{,\tau}\right]\right\} \tag{5-15}$$

### 5.2.3.2　边界 $\Gamma_1$ 上积分核的表达式

图 5-3 给出了 $\Gamma_1$ 上位移分量在不同坐标系下的变换关系,由图可知,$\Gamma_1$ 上位移分量在自然坐标系和极坐标系下的变换式为:

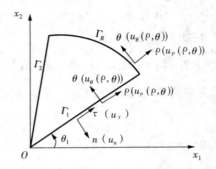

图 5-3　$\Gamma_1$ 上位移分量的坐标变换关系

$$\begin{cases} u_n(\rho,\theta) = -u_\theta(\rho,\theta) \\ u_\tau(\rho,\theta) = u_\rho(\rho,\theta) \end{cases} \tag{5-16}$$

注意到式(5-9),因而边界 $\Gamma_1$ 上位移分量在直角坐标系和极坐标系下的变换式为:

$$\begin{bmatrix} u_1 \\ u_2 \end{bmatrix} = \begin{bmatrix} n_1 & \tau_1 \\ n_2 & \tau_2 \end{bmatrix}\begin{Bmatrix} u_n(\rho,\theta) \\ u_\tau(\rho,\theta) \end{Bmatrix} = \begin{bmatrix} n_1 & \tau_1 \\ n_2 & \tau_2 \end{bmatrix}\begin{Bmatrix} -u_\theta(\rho,\theta) \\ u_\rho(\rho,\theta) \end{Bmatrix} \tag{5-17a}$$

即

$$u_j = -n_j u_\theta(\rho,\theta) + \tau_j u_\rho(\rho,\theta) = \rho^{1+\lambda}(-n_j u_\theta + \tau_j u_\rho) \quad (j=1,2) \tag{5-17b}$$

从而在边界 $\Gamma_1$ 上边界积分方程积分核 $T_{ij}^* u_j$ 的表达式为:

$$T_{ij}^* u_j = \rho^{1+\lambda}\frac{1+\upsilon}{4\pi r}\left[\frac{1-\upsilon}{1+\upsilon}(r_{,i}n_j - r_{,j}n_i) - r_{,n}\left(\frac{1-\upsilon}{1+\upsilon}\delta_{ij} + 2r_{,i}r_{,j}\right)\right](-n_j u_\theta + \tau_j u_\rho)$$

$$= \rho^{1+\lambda} \frac{1+\upsilon}{4\pi r} \left\{ (-u_\theta) \left[ \frac{1-\upsilon}{1+\upsilon} (r_{,i} - 2n_i r_{,n}) - 2r_{,i} r_{,n}^2 \right] \right.$$

$$\left. - u_\rho \left[ \frac{1-\upsilon}{1+\upsilon} (n_i r_{,\tau} + \tau_i r_{,n}) + 2r_{,i} r_{,n} r_{,\tau} \right] \right\} \tag{5-18}$$

由边界条件知在 $\Gamma_1$ 上 $t_j = 0 (j=1,2)$，所以在 $\Gamma_1$ 上积分核:

$$U_{ij}^* t_j = 0 \tag{5-19}$$

### 5.2.3.3　边界 $\Gamma_2$ 上积分核的表达式

图 5-4 给出了 $\Gamma_2$ 上位移分量在不同坐标系下的变换关系,由图 5-4 可知,边界 $\Gamma_2$ 上位移分量在自然坐标系和极坐标系下的转换式为:

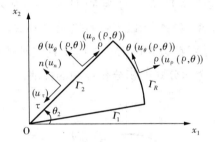

图 5-4　$\Gamma_2$ 上位移分量的坐标变换关系

$$\begin{cases} u_n(\rho,\theta) = u_\theta(\rho,\theta) \\ u_\tau(\rho,\theta) = -u_\rho(\rho,\theta) \end{cases} \tag{5-20}$$

从而,边界 $\Gamma_2$ 上的位移分量在直角坐标系和极坐标系下的转换关系:

$$\begin{bmatrix} u_1 \\ u_2 \end{bmatrix} = \begin{bmatrix} n_1 & \tau_1 \\ n_2 & \tau_2 \end{bmatrix} \begin{Bmatrix} u_n(\rho,\theta) \\ u_\tau(\rho,\theta) \end{Bmatrix} = \begin{bmatrix} n_1 & \tau_1 \\ n_2 & \tau_2 \end{bmatrix} \begin{Bmatrix} u_\theta(\rho,\theta) \\ -u_\rho(\rho,\theta) \end{Bmatrix} \tag{5-21a}$$

即

$$u_j = n_j u_\theta(\rho,\theta) - \tau_j u_\rho(\rho,\theta) = \rho^{1+\lambda}(n_j u_\theta - \tau_j u_\rho) (j=1,2) \tag{5-21b}$$

因此,在边界 $\Gamma_2$ 上边界积分方程积分核 $T_{ij}^* u_j$ 的表达式为:

$$T_{ij}^* u_j = \rho^{1+\lambda} \frac{1+\upsilon}{4\pi r} \left[ \frac{1-\upsilon}{1+\upsilon} (r_{,i} n_j - r_{,j} n_i) - r_{,n} \left( \frac{1-\upsilon}{1+\upsilon} \delta_{ij} + 2r_{,i} r_{,j} \right) \right] (n_j u_\theta - \tau_j u_\rho)$$

$$= \rho^{1+\lambda} \frac{1+\upsilon}{4\pi r} \left\{ u_\theta \left[ \frac{1-\upsilon}{1+\upsilon} (r_{,i} - 2n_i r_{,n}) - 2r_{,i} r_{,n}^2 \right] \right.$$

$$+ u_\rho \left[ \frac{1-\upsilon}{1+\upsilon}(n_i r_{,\tau} + \tau_i r_{,n}) + 2r_{,i} r_{,n} r_{,\tau} \right] \right\} \tag{5-22}$$

由边界条件知在 $\Gamma_2$ 上 $t_j = 0 (j = 1,2)$，所以在 $\Gamma_2$ 上积分核

$$U_{ij}^* t_j = 0 \tag{5-23}$$

至此，获得了切口边界积分方程(5-8)中右边 6 个积分核的具体表达式。

## 5.3    切口边界积分方程中积分公式的推演

取 V 形切口弧线边界 $\Gamma_R$ 的半径为 $R$，见图 5-5 所示，其中径向边界 $\Gamma_1$ 和 $\Gamma_2$ 与 $\Gamma_R$ 的交点为 $A_1$ 和 $A_2$。以下针对当源点 $y(R, \theta_s)(\theta_1 \leqslant \theta_s \leqslant \theta_2)$ 在边界 $\Gamma_R$ 上，而场点 $x$ 分别在边界 $\Gamma_R$、$\Gamma_1$ 与 $\Gamma_2$ 上这三种情形，对切口边界积分方程(5-8)中右边 6 个积分式的积分作详细的推演。

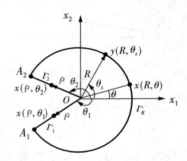

图 5-5    积分场点和源点的选择

### 5.3.1    源点为 $\Gamma_R$ 上不与角点 $A_1$ 或 $A_2$ 重合时的边界积分

5.3.1.1    场点在 $\Gamma_R$ 上的边界积分

当源点 $y(R, \theta_s)$ 和场点 $x(R, \theta)$ 均在 $\Gamma_R$ 上时，参见图 5-5，令：

$$\Delta \theta = \theta_s - \theta, \quad \sum \theta = \theta_s + \theta$$

其中 $\theta_s$ 和 $\theta$ 分别表示源点和场点的 $\theta$ 坐标。此时，积分边界的法向矢与切向矢的余弦分量分别为：

$$n_1 = \cos\theta, n_2 = \sin\theta, \tau_1 = -\sin\theta, \tau_2 = \cos\theta \qquad (5-24)$$

以 $x_i$ 和 $y_i(i=1,2)$ 分别表示场点和源点在直角坐标系下的坐标分量,则源点到场点的距离分量为:

$$\begin{cases} r_1 = x_1 - y_1 = R(\cos\theta - \cos\theta_s) \\ r_2 = x_2 - y_2 = R(\sin\theta - \sin\theta_s) \end{cases} \qquad (5-25)$$

那么,

$$r^2 = r_1^2 + r_2^2 = 2R^2(1 - \cos\Delta\theta) = 4R^2 \sin^2(\Delta\theta/2)$$

即源点到场点的距离 $r = 2R|\sin(\Delta\theta/2)|$ \qquad (5-26)

从而:

$$\begin{cases} r_{,1} = r_1/r = \mathrm{sgn}(\Delta\theta)\sin(\sum\theta/2), r_{,2} = r_2/r \\ \quad = -\mathrm{sgn}(\Delta\theta)\cos(\sum\theta/2) \\ r_{,n} = r_{,1}n_1 + r_{,2}n_2 = \mathrm{sgn}(\Delta\theta)\sin(\Delta\theta/2), r_{,\tau} \\ \quad = r_{,1}\tau_1 + r_{,2}\tau_2 = -\mathrm{sgn}(\Delta\theta)\cos(\Delta\theta/2) \\ r'_\theta = -R\mathrm{sgn}(\Delta\theta)\cos(\Delta\theta/2), r'_\theta/r = -\frac{1}{2}\cot(\Delta\theta/2) \\ (r_{,1})'_\theta = \frac{1}{2}\mathrm{sgn}(\Delta\theta)\cos(\sum\theta/2), (r_{,2})'_\theta \\ \quad = \frac{1}{2}\mathrm{sgn}(\Delta\theta)\sin(\sum\theta/2) \\ (r_{,n})'_\theta = -\frac{1}{2}\mathrm{sgn}(\Delta\theta)\cos(\Delta\theta/2), (r_{,\tau})'_\theta \\ \quad = -\frac{1}{2}\mathrm{sgn}(\Delta\theta)\sin(\Delta\theta/2) \end{cases} \qquad (5-27)$$

其中 $\mathrm{sgn}(\Delta\theta)$ 为符号标示符:

$$\mathrm{sgn}(\Delta\theta) = \begin{cases} + & \Delta\theta > 0 \\ - & \Delta\theta < 0 \end{cases} \qquad (5-28)$$

注意到在 $\Gamma_R$ 上,$(n_i)'_\theta = \tau_i, (\tau_i)'_\theta = -n_i, \Delta\theta'_\theta = -1$。对以下两个积分施以分部积分技巧:

$$\int_{\Gamma_R} u'_\rho \left( \frac{3-\upsilon}{1+\upsilon} \ln r \tau_i - r_{,i} r_{,\tau} \right) d\theta = \left( \frac{3-\upsilon}{1+\upsilon} \ln r \tau_i - r_{,i} r_{,\tau} \right) u_\rho(\theta) \Big|_{\theta=\theta_1}^{\theta_2}$$

$$- \int_{\Gamma_R} u_\rho \left[ \frac{3-\upsilon}{1+\upsilon} \left( \frac{r'_\theta}{r} \tau_i - n_i \ln r \right) - (r_{,i} r_{,\tau})'_\theta \right] d\theta \qquad (5-29)$$

$$\int_{\Gamma_R} u'_\theta \left( \frac{6-2\upsilon}{1-\upsilon^2} \upsilon n_i \ln r - \frac{2\upsilon}{1-\upsilon} r_{,i} r_{,n} \right) d\theta = \left( \frac{6-2\upsilon}{1-\upsilon^2} \upsilon n_i \ln r - \frac{2\upsilon}{1-\upsilon} r_{,i} r_{,n} \right)$$

$$u_\theta \Big|_{\theta=\theta_1}^{\theta_2} - \int_{\Gamma_R} u_\theta \left[ \frac{6-2\upsilon}{1-\upsilon^2} \upsilon \left( n_i \frac{r'_\theta}{r} + \tau_i \ln r \right) - \frac{2\upsilon}{1-\upsilon} (r_{,i} r_{,n})'_\theta \right] d\theta \quad (5-30)$$

将积分核式(5-14)代入边界积分方程(5-8)中等号右边第一项,取 $\rho=R$,则 $d\Gamma = R d\theta$,利用式(5-29,30)有

$$\int_{\Gamma_R} U^*_{ij} t_j d\Gamma = -R^{\lambda+1} \frac{1+\upsilon}{8\pi} \int_{\theta_1}^{?\ \theta_2} \left\{ u_\rho(\theta) \begin{bmatrix} (1+\upsilon+\lambda) \\ \left( n_i \ln r \frac{6-2\upsilon}{1-\upsilon^2} - \frac{2}{1-\upsilon} r_{,i} r_{,n} \right) \end{bmatrix} \right.$$

$$- u_\rho(\theta) \left[ \frac{3-\upsilon}{1+\upsilon} \left( \frac{r'_\theta}{r} \tau_i - n_i \ln r \right) - (r_{,i}) \right] + u_\theta \lambda \left( \frac{3-\upsilon}{1+\upsilon} \ln r \tau_i - r_{,i} r_{,\tau} \right)$$

$$\left. - u_\theta(\theta) \left[ \frac{6-2\upsilon}{1-\upsilon^2} \upsilon \left( n_i \frac{r'_\theta}{r} + \tau_i \ln r \right) - \frac{2\upsilon}{1-\upsilon} (r_{,i} r_{,n})'_\theta \right] \right\} d\theta$$

$$- R^{\lambda+1} \frac{1+\upsilon}{8\pi} \begin{bmatrix} u_\rho(\theta) \left( \frac{3-\upsilon}{1+\upsilon} \ln r \tau_i - r_{,i} r_{,\tau} \right) \Big|_{\theta=\theta_1}^{\theta_2} \\ + u_\theta(\theta) \left( \frac{6-2\upsilon}{1-\upsilon^2} \upsilon n_i \ln r - \frac{2\upsilon}{1-\upsilon} r_{,i} r_{,n} \right) \Big|_{\theta=\theta_1}^{\theta_2} \end{bmatrix} \qquad (5-31)$$

为了易于表达,下面分 $i=1$ 和 $i=2$ 两种情形来推导积分 $\int_{\Gamma_R} U^*_{ij} t_j d\Gamma$ 的表达式。当 $i=1$ 时,式(5-31)为:

$$\int_{\Gamma_R} U^*_{1j} t_j d\Gamma = -R^{1+\lambda} \frac{1+\upsilon}{8\pi} \int_{\theta_1}^{\theta_2} \left\{ u_\rho(\theta)(1+\upsilon+\lambda) \left[ \frac{6-2\upsilon}{1-\upsilon^2} \cos\theta (\ln 2R + \right. \right.$$

$$\ln \left| \sin \frac{\Delta\theta}{2} \right| ) - \frac{1}{1-\upsilon} (\cos\theta - \cos\theta_s) \right] - \frac{1}{2} u_\rho \left[ \frac{3-\upsilon}{1+\upsilon} \left( \sin\theta \cot \frac{\Delta\theta}{2} \right. \right.$$

$$- 2\cos\theta \left( \ln 2R + \ln \left| \sin \frac{\Delta\theta}{2} \right| \right) \right) + \cos\theta \right] + u_\theta(\theta)\lambda \left[ \frac{3-\upsilon}{1+\upsilon} \right.$$

$$(-\sin\theta) \left( \ln 2R + \ln \left| \sin \frac{\Delta\theta}{2} \right| \right) + \frac{1}{2} (\sin\theta + \sin\theta_s) \right] + u_\theta(\theta)$$

$$\left[\frac{3-\upsilon}{1-\upsilon^2}\upsilon\Big(\cos\theta\cot\frac{\Delta\theta}{2}+2\sin\theta\big(\ln 2R+\ln\Big|\sin\frac{\Delta\theta}{2}\Big|\big)\Big)\right.$$

$$\left.-\frac{\upsilon}{1-\upsilon}\sin\theta\right]\Big\}d\theta-R^{1+\lambda}\frac{1+\upsilon}{8\pi}\Big\{u_\rho\Big[\frac{3-\upsilon}{1+\upsilon}(-\sin\theta)(\ln 2R+\ln$$

$$\Big|\sin\frac{\Delta\theta}{2}\Big|)+\frac{1}{2}(\sin\theta+\sin\theta_s)\Big]\Big|_{\theta=\theta_1}^{\theta_2}+u_\theta\Big[\frac{6-2\upsilon}{1-\upsilon^2}\upsilon\cos\theta(\ln 2R$$

$$+\ln\Big|\sin\frac{\Delta\theta}{2}\Big|)+\frac{\upsilon}{1-\upsilon}(\cos\theta_s-\cos\theta)\Big]\Big|_{\theta=\theta_1}^{\theta_2}\Big\} \tag{5-32}$$

假设在 $\Gamma_1$ 和 $\Gamma_2$ 边界上面力均为零,即 $t_j=0(j=1,2)$。因而在 $\Gamma_R$ 边上面力之和也应为零,即

$$\int_{\Gamma_R}t_j\mathrm{d}\Gamma=0 \quad (j=1,2) \tag{5-33}$$

将式(5-33)引入式(5-14)中,再代入到边界积分方程(5-8)中,其中有

$$\int_{\Gamma_R}\ln(2R)t_j\mathrm{d}\Gamma=\ln(2R)\int_{\Gamma_R}t_j\mathrm{d}\Gamma=0 \tag{5-34}$$

上式表明无论半径 $R$ 取何值,积分 $\int_{\Gamma_R}\ln(2R)t_j\mathrm{d}\Gamma$ 始终为零。因而式(5-32)中积分核内含 $\ln R$ 的项均可直接舍去,于是有:

$$\int_{\Gamma_R}U_{1j}^*t_j\mathrm{d}\Gamma=-R^{1+\lambda}\frac{1+\upsilon}{8\pi}\int_{\theta_1}^{\theta_2}\Big\{u_\rho(1+\upsilon+\lambda)\Big[\frac{6-2\upsilon}{1-\upsilon^2}\cos\theta\ln\Big|\sin\frac{\Delta\theta}{2}\Big|$$

$$-\frac{1}{1-\upsilon}(\cos\theta-\cos\theta_s)\Big]-\frac{1}{2}u_\rho\Big[\frac{3-\upsilon}{1+\upsilon}\Big(\sin\theta\cot\frac{\Delta\theta}{2}-2\cos\theta\ln\Big|\sin\frac{\Delta\theta}{2}\Big|\Big)+\cos\theta\Big]$$

$$+u_\theta\lambda\Big[\frac{3-\upsilon}{1+\upsilon}(-\sin\theta)\ln\Big|\sin\frac{\Delta\theta}{2}\Big|+\frac{1}{2}(\sin\theta+\sin\theta_s)\Big]$$

$$+u_\theta\Big[\frac{3-\upsilon}{1-\upsilon^2}\upsilon\Big(\cos\theta\cot\frac{\Delta\theta}{2}+2\sin\theta\ln\Big|\sin\frac{\Delta\theta}{2}\Big|\Big)-\frac{\upsilon}{1-\upsilon}\sin\theta\Big]\Big\}d\theta$$

$$-R^{1+\lambda}\frac{1+\upsilon}{8\pi}\Big\{u_\rho(\theta)\Big[\frac{3-\upsilon}{1+\upsilon}(-\sin\theta)\ln\Big|\sin\frac{\Delta\theta}{2}\Big|+\frac{1}{2}(\sin\theta+\sin\theta_s)\Big]\Big|_{\theta=\theta_1}^{\theta_2}$$

$$+u_\theta(\theta)\Big[\frac{6-2\upsilon}{1-\upsilon^2}\upsilon\cos\theta\ln\Big|\sin\frac{\Delta\theta}{2}\Big|+\frac{\upsilon}{1-\upsilon}(\cos\theta_s-\cos\theta)\Big]\Big|_{\theta=\theta_1}^{\theta_2}\Big\} \tag{5-35}$$

类似地,当 $i=2$ 时有:

$$\int_{\Gamma_R} U_{2j}^* t_j \mathrm{d}\Gamma = -R^{1+\lambda} \frac{1+\upsilon}{8\pi} \int_{\theta_1}^{\theta_2} \left\{ u_\rho (1+\upsilon+\lambda) \left[ \frac{6-2\upsilon}{1-\upsilon^2} \sin\theta \ln \left| \sin \frac{\Delta\theta}{2} \right| \right. \right.$$

$$\left. - \frac{1}{1-\upsilon}(\sin\theta - \sin\theta_s) \right] + \frac{1}{2} u_\rho \left[ \frac{3-\upsilon}{1+\upsilon} \left( \cos\theta \cot \frac{\Delta\theta}{2} + 2\sin\theta \ln \left| \sin \frac{\Delta\theta}{2} \right| \right) - \sin\theta \right]$$

$$+ u_\theta \lambda \left[ \frac{3-\upsilon}{1+\upsilon} \cos\theta \ln \left| \sin \frac{\Delta\theta}{2} \right| - \frac{1}{2}(\cos\theta + \cos\theta_s) \right]$$

$$\left. + u_\theta \left[ \frac{3-\upsilon}{1-\upsilon^2} \upsilon \left( \sin\theta \cot \frac{\Delta\theta}{2} - 2\cos\theta \ln \left| \sin \frac{\Delta\theta}{2} \right| \right) + \frac{\upsilon}{1-\upsilon} \cos\theta \right] \right\} \mathrm{d}\theta$$

$$- R^{1+\lambda} \frac{1+\upsilon}{8\pi} \left\{ u_\rho(\theta) \left[ \frac{3-\upsilon}{1+\upsilon} \cos\theta \ln \left| \sin \frac{\Delta\theta}{2} \right| - \frac{1}{2}(\cos\theta + \cos\theta_s) \right] \Big|_{\theta=\theta_1}^{\theta_2} \right.$$

$$\left. + u_\theta(\theta) \left[ \frac{6-2\upsilon}{1-\upsilon^2} \upsilon \sin\theta \ln \left| \sin \frac{\Delta\theta}{2} \right| + \frac{\upsilon}{1-\upsilon}(\sin\theta_s - \sin\theta) \right] \Big|_{\theta=\theta_1}^{\theta_2} \right\} \qquad (5-36)$$

将式(5-15)代入边界积分方程(5-8)中等号右边第 2 项得

$$\int_{\Gamma_R} T_{ij}^* u_j \mathrm{d}\Gamma = R^{\lambda+2} \frac{1+\upsilon}{4\pi} \int_{\theta_1}^{\theta_2} \left\{ u_\rho \frac{1}{r} \left[ \frac{1-\upsilon}{1+\upsilon}(r_{,i} - 2n_i r_{,n}) - 2r_{,i} r_{,n}^2 \right] - \right.$$

$$\left. u_\theta \frac{1}{r} \left[ \frac{1-\upsilon}{1+\upsilon}(n_i r_{,\tau} + \tau_i r_{,n}) + 2r_{,i} r_{,n} r_{,\tau} \right] \right\} \mathrm{d}\theta \qquad (5-37)$$

当 $i=1$ 时,式(5-37)为:

$$\int_{\Gamma_R} T_{1j}^* u_j \mathrm{d}\Gamma = R^{1+\lambda} \frac{1+\upsilon}{8\pi} \int_{\theta_1}^{\theta_2} \left\{ u_\rho \left[ \frac{1-\upsilon}{1+\upsilon} \left( \frac{\sin(\sum \theta/2)}{\sin(\Delta\theta/2)} - 2\cos\theta \right) - 2\sin \frac{\sum \theta}{2} \sin \right. \right.$$

$$\left. \left. \frac{\Delta\theta}{2} \right] + u_\theta \left[ \frac{1-\upsilon}{1+\upsilon} \left( \cos\theta \cot \frac{\Delta\theta}{2} + \sin\theta \right) + 2\sin \frac{\sum \theta}{2} \cos \frac{\Delta\theta}{2} \right] \right\} \mathrm{d}\theta \qquad (5-38)$$

当 $i=2$ 时,式(5-37)为:

$$\int_{\Gamma_R} T_{2j}^* u_j \mathrm{d}\Gamma = R^{1+\lambda} \frac{1+\upsilon}{8\pi} \int_{\theta_1}^{\theta_2} \left\{ u_\rho \left[ \frac{1-\upsilon}{1+\upsilon} \left( -\frac{\cos(\sum \theta/2)}{\sin(\Delta\theta/2)} - 2\sin\theta \right) + 2\cos \frac{\sum \theta}{2} \right. \right.$$

$$\left. \left. \sin \frac{\Delta\theta}{2} \right] + u_\theta \left[ \frac{1-\upsilon}{1+\upsilon} \left( \sin\theta \cot \frac{\Delta\theta}{2} - \cos\theta \right) - 2\cos \frac{\sum \theta}{2} \cos \frac{\Delta\theta}{2} \right] \right\} \mathrm{d}\theta \qquad (5-39)$$

### 5.3.1.2 场点在 $\Gamma_1$ 上的边界积分

当源点 $y(R, \theta_s)$ 在 $\Gamma_R$ 上且场点 $x(\rho, \theta_1)$ 在 $\Gamma_1$ 上时,参见图 5-5,令

$$\Delta\theta_1 = \theta_s - \theta_1, \quad \sum \theta_1 = \theta_s + \theta_1$$

积分边界的法向和切向余弦分量分别为：

$$n_1 = \sin\theta_1, n_2 = -\cos\theta_1, \tau_1 = \cos\theta_1, \tau_2 = \sin\theta_1 \qquad (5-40)$$

以 $x_i$ 和 $y_i (i=1,2)$ 分别表示场点和源点的坐标分量，则源点到场点的距离分量为：

$$\begin{cases} r_1 = x_1 - y_1 = \rho\cos\theta_1 - R\cos\theta_s \\ r_2 = x_2 - y_2 = \rho\sin\theta_1 - R\sin\theta_s \end{cases} \qquad (5-41)$$

那么，

$$r^2 = \rho^2 - 2\rho R\cos\Delta\theta_1 + R^2 = (\rho - R\cos\Delta\theta_1)^2 + R^2\sin^2\Delta\theta_1$$

即源点到场点的距离

$$r = \sqrt{(\rho - R\cos\Delta\theta_1)^2 + R^2\sin^2\Delta\theta_1} \qquad (5-42)$$

此时

$$\begin{cases} r_{,1} = (\rho\cos\theta_1 - R\cos\theta_s)/r, r_{,2} = (\rho\sin\theta_1 - R\sin\theta_s)/r \\ r_{,n} = (R\sin\Delta\theta_1)/r, r_{,\tau} = (\rho - R\cos\Delta\theta_1)/r \\ (r)'_\rho = (\rho - R\cos\Delta\theta_1)/r, (\ln r)'_\rho = r'_\rho/r = (\rho - R\cos\Delta\theta_1)/r^2 \end{cases} \qquad (5-43)$$

由式（5-18）知，当 $i=1$ 时，

$$\int_{\Gamma_1} T^*_{1j} u_j \mathrm{d}\Gamma = \frac{1+\upsilon}{4\pi}\int_0^R \rho^{1+\lambda}\left\{\frac{1-\upsilon}{1+\upsilon}\left[\frac{1}{r^2}(\rho\cos\theta_1 - R\cos\theta_s)(-u_\theta)\right.\right.$$

$$- \sin\theta_1\frac{1}{r^2}(\rho - R\cos\Delta\theta_1)u_\rho\left] - \frac{1}{r^2}\frac{1-\upsilon}{1+\upsilon}[2\sin\theta_1 R\sin\Delta\theta_1(-u_\theta)\right.$$

$$+ R\cos\theta_1\sin\Delta\theta_1 u_\rho] - 2\frac{1}{r^4}[R^2\sin^2\Delta\theta_1(\rho\cos\theta_1 - R\cos\theta_s)(-u_\theta)$$

$$+ (\rho\cos\theta_1 - R\cos\theta_s)(\rho R\sin\Delta\theta_1 - R^2\cos\Delta\theta_1\sin\Delta\theta_1)u_\rho]\bigg\}\mathrm{d}\rho \qquad (5-44)$$

令 $t = \rho/R$，记 $\bar{r}^2 = r^2/R^2 = t^2 - 2t\cos\Delta\theta_1 + 1 = (t-\cos\Delta\theta_1)^2 + \sin^2\Delta\theta_1$，对式（5-44）运用分部积分技巧，化简得：

$$\int_{\Gamma_1} T^*_{1j} u_j \mathrm{d}\Gamma = \frac{1+\upsilon}{4\pi}R^{1+\lambda}\int_0^1 t^{1+\lambda}\left\{\frac{1-\upsilon}{1+\upsilon}\frac{1}{\bar{r}^2}(t\cos\theta_1 - \cos\theta_s - 2\sin\theta_1\sin\Delta\theta_1)\right.$$

$$(-u_\theta) - \frac{2}{\bar{r}^2}(t\cos\theta_1 - \cos\theta_s)(-u_\theta) - \frac{1-\upsilon}{1+\upsilon}\frac{1}{\bar{r}^2}[t\sin\theta_1 + \sin(\theta_s - 2\theta_1)]u_\rho$$

$$+ \frac{1}{\bar{r}^2}(2t\cos\theta_1 - \cos\theta_s - \cos\theta_1\cos\Delta\theta_1)(-u_\theta) - \frac{1}{\bar{r}^2}\sin\Delta\theta_1\cos\theta_1 u_\rho \Big\} \, \mathrm{d}t$$

$$+ \frac{1+\upsilon}{4\pi}R^{1+\lambda}\int_0^1 (1+\lambda)t^\lambda \frac{1}{\bar{r}^2}\{[t^2\cos\theta_1 - t(\cos\theta_s + \cos\theta_1\cos\Delta\theta_1)$$

$$+ \cos\theta_s\cos\Delta\theta_1](-u_\theta) - \sin\Delta\theta_1(t\cos\theta_1 - \cos\theta_s)u_\rho\} \, \mathrm{d}t$$

$$- \frac{1+\upsilon}{4\pi}R^{1+\lambda}t^{1+\lambda}\frac{1}{\bar{r}^2}[(t\cos\theta_1 - \cos\theta_s)(t - \cos\Delta\theta_1)(-u_\theta)$$

$$\left. - \sin\Delta\theta_1(t\cos\theta_1 - \cos\theta_s)u_\rho\right]\Big|_{t=0}^1 \tag{5-45}$$

注意到

$$\begin{cases} \cos\theta_1 - \cos\theta_s = 2\sin\dfrac{\sum\theta_1}{2}\sin\dfrac{\Delta\theta_1}{2}, \sin\theta_1 - \sin\theta_s = -2\cos\dfrac{\sum\theta_1}{2}\sin\dfrac{\Delta\theta_1}{2} \\[3mm] \cos\theta_s + \sin\theta_1\sin\Delta\theta_1 = \cos\theta_1\cos\Delta\theta_1, \cos\theta_s - \cos\theta_1\cos\Delta\theta_1 = -\sin\theta_1\sin\Delta\theta_1 \end{cases} \tag{5-46}$$

且 $\qquad\qquad \bar{r}^2(0) = 1, \bar{r}^2(1) = 2(1 - \cos\Delta\theta_1) = 4\sin^2\dfrac{\Delta\theta_1}{2} \tag{5-47}$

那么式(5 - 45)可化为:

$$\int_{\Gamma_i} T_{1j}^* u_j \mathrm{d}\Gamma = \frac{1+\upsilon}{4\pi}R^{1+\lambda}\int_0^1 t^{1+\lambda}\left\{\frac{1-\upsilon}{1+\upsilon}\frac{1}{\bar{r}^2}\cos\theta_1(t - \cos\Delta\theta_1)(-u_\theta)\right.$$

$$- \frac{1-\upsilon}{1+\upsilon}\frac{1}{\bar{r}^2}\sin\theta_1\sin\Delta\theta_1(-u_\theta) - \frac{1}{\bar{r}^2}\sin\theta_1\sin\Delta\theta_1(-u_\theta)$$

$$- \frac{1}{\bar{r}^2}\frac{1-\upsilon}{1+\upsilon}[\sin\theta_1(t - \cos\Delta\theta_1) + \cos\theta_1\sin\Delta\theta_1]u_\rho - \frac{1}{\bar{r}^2}\cos\theta_1\sin\Delta\theta_1 u_\rho\Big\}\, \mathrm{d}t$$

$$+ \frac{1+\upsilon}{4\pi}R^{1+\lambda}\int_0^1 (1+\lambda)t^\lambda \frac{1}{\bar{r}^2}\{(t\cos\theta_1 - \cos\theta_s)(t - \cos\Delta\theta_1)(-u_\theta) \tag{5-48}$$

$$- \sin\Delta\theta_1(t\cos\theta_1 - \cos\theta_s)u_\rho\}\, \mathrm{d}t$$

$$- \frac{1+\upsilon}{4\pi}R^{1+\lambda}\left[(-u_\theta)\sin\frac{\sum\theta_1}{2}\sin\frac{\Delta\theta_1}{2} - u_\rho\sin\frac{\sum\theta_1}{2}\cos\frac{\Delta\theta_1}{2}\right]$$

由文[242]知,存在如下的级数展开:

$$\begin{cases} \dfrac{x\cos\alpha - x^2}{1 - 2x\cos\alpha + x^2} = \displaystyle\sum_{n=1}^\infty x^n\cos(n\alpha) \\[4mm] \dfrac{x\sin\alpha}{1 - 2x\cos\alpha + x^2} = \displaystyle\sum_{n=1}^\infty x^n\sin(n\alpha) \end{cases} \qquad |x| < 1 \tag{5-49}$$

引式(5-49)至式(5-48)中,式(5-48)可化为:

$$\int_{\Gamma_1} T_{1j}^* u_j \,\mathrm{d}\Gamma = \frac{1+\upsilon}{4\pi} R^{1+\lambda} \left\{ -\frac{1-\upsilon}{1+\upsilon} \cos\theta_1 (-u_\theta) \sum_{n=1}^\infty \frac{1}{n+\lambda+1} \cos n\Delta\theta_1 \right.$$

$$-\frac{2}{1+\upsilon} \sin\theta_1 (-u_\theta) \sum_{n=1}^\infty \frac{1}{n+\lambda+1} \sin n\Delta\theta_1$$

$$+\frac{1-\upsilon}{1+\upsilon} \left( \sin\theta_1 u_\rho \sum_{n=1}^\infty \frac{1}{n+\lambda+1} \cos n\Delta\theta_1 - \frac{2}{1+\upsilon} \cos\theta_1 u_\rho \sum_{n=1}^\infty \frac{1}{n+\lambda+1} \sin n\Delta\theta_1 \right)$$

$$-(1+\lambda) \left[ \cos\theta_1 (-u_\theta) \sum_{n=1}^\infty \frac{1}{n+\lambda+1} \cos n\Delta\theta_1 - \cos\theta_s (-u_\theta) \sum_{n=1}^\infty \frac{1}{n+\lambda} \cos n\Delta\theta_1 \right.$$

$$\left. +\cos\theta_1 u_\rho \sum_{n=1}^\infty \frac{1}{n+\lambda+1} \sin n\Delta\theta_1 - \cos\theta_s u_\rho \sum_{n=1}^\infty \frac{1}{n+\lambda} \sin n\Delta\theta_1 \right]$$

$$\left. -(-u_\theta) \sin\frac{\sum\theta_1}{2} \sin\frac{\Delta\theta_1}{2} + u_\rho \sin\frac{\sum\theta_1}{2} \cos\frac{\Delta\theta_1}{2} \right\} \tag{5-50}$$

类似地推导,当 $i=2$ 时有:

$$\int_{\Gamma_1} T_{2j}^* u_j \,\mathrm{d}\Gamma = \frac{1+\upsilon}{4\pi} R^{1+\lambda} \left\{ -\frac{1-\upsilon}{1+\upsilon} \sin\theta_1 (-u_\theta) \sum_{n=1}^\infty \frac{1}{n+\lambda+1} \cos n\Delta\theta_1 \right.$$

$$+\frac{2}{1+\upsilon} \cos\theta_1 (-u_\theta) \sum_{n=1}^\infty \frac{1}{n+\lambda+1} \sin n\Delta\theta_1$$

$$-\frac{1-\upsilon}{1+\upsilon} \cos\theta_1 u_\rho \sum_{n=1}^\infty \frac{1}{n+\lambda+1} \cos n\Delta\theta_1 - \frac{2}{1+\upsilon} \sin\theta_1 u_\rho \sum_{n=1}^\infty \frac{1}{n+\lambda+1} \sin n\Delta\theta_1 ]$$

$$+(1+\lambda) \left[ -\sin\theta_1 (-u_\theta) \sum_{n=1}^\infty \frac{1}{n+\lambda+1} \cos n\Delta\theta_1 + \sin\theta_s (-u_\theta) \sum_{n=1}^\infty \frac{1}{n+\lambda} \cos n\Delta\theta_1 \right.$$

$$\left. -\sin\theta_1 u_\rho \sum_{n=1}^\infty \frac{1}{n+\lambda+1} \sin n\Delta\theta_1 + \sin\theta_s u_\rho \sum_{n=1}^\infty \frac{1}{n+\lambda} \sin n\Delta\theta_1 \right]$$

$$\left. +(-u_\theta) \cos\frac{\sum\theta_1}{2} \sin\frac{\Delta\theta_1}{2} - u_\rho \cos\frac{\sum\theta_1}{2} \cos\frac{\Delta\theta_1}{2} \right\} \tag{5-51}$$

另外,由 $\Gamma_1$ 上的边界条件 $t_j=0(j=1,2)$,知式(5-8)等号右边第 3 项
积分为:

$$\int_{\Gamma_1} U_{ij}^* t_j \,\mathrm{d}\Gamma = 0 \tag{5-52}$$

### 5.3.1.3　场点在 $\Gamma_2$ 上的边界积分

当源点 $y(R,\theta_s)$ 在 $\Gamma_R$ 上且场点 $x(\rho,\theta_2)$ 在 $\Gamma_2$ 上时,参见图 5-5,令

$$\Delta\theta_2 = \theta_s - \theta_2,\ \sum\theta_2 = \theta_s + \theta_2$$

积分边界的法向和切向余弦分量分别为:

$$n_1 = -\sin\theta_2,\, n_2 = \cos\theta_2,\, \tau_1 = -\cos\theta_2,\, \tau_2 = -\sin\theta_2 \qquad (5-53)$$

以 $x_i$ 和 $y_i(i=1,2)$ 分别表示场点和源点的坐标分量,则源点到场点的距离分量为:

$$\begin{cases} r_1 = x_1 - y_1 = \rho\cos\theta_2 - R\cos\theta_s \\ r_2 = x_2 - y_2 = \rho\sin\theta_2 - R\sin\theta_s \end{cases} \qquad (5-54)$$

那么,

$$r^2 = \rho^2 - 2\rho R\cos\Delta\theta_2 + R^2 = (\rho - R\cos\Delta\theta_2)^2 + R^2\sin^2\Delta\theta_2$$

即源点到场点的距离

$$r = \sqrt{(\rho - R\cos\Delta\theta_2)^2 + R^2\sin^2\Delta\theta_2} \qquad (5-55)$$

此时,

$$\begin{cases} r_{,1} = (\rho\cos\theta_2 - R\cos\theta_s)/r,\, r_{,2} = (\rho\sin\theta_2 - R\sin\theta_s)/r \\ r_{,n} = -(R\sin\Delta\theta_2)/r,\, r_{,\tau} = (R\cos\Delta\theta_2 - \rho)/r \end{cases} \qquad (5-56)$$

仿照式(5-50,5-51)的推导过程,可以得到场点 $x$ 在 $\Gamma_2$ 上时的边界积分公式。当 $i=1$ 时,

$$\int_{\Gamma_2} T_{1j}^* u_j \mathrm{d}\Gamma = \frac{1+\upsilon}{4\pi}R^{1+\lambda}\left\{-\frac{1-\upsilon}{1+\upsilon}\cos\theta_2\,u_\theta\sum_{n=1}^{\infty}\frac{1}{n+\lambda+1}\cos n\Delta\theta_2\right.$$

$$+\frac{1-\upsilon}{1+\upsilon}(-u_\rho)\left(\sin\theta_2\sum_{n=1}^{\infty}\frac{1}{n+\lambda+1}\cos n\Delta\theta_2 - \cos\theta_2\sum_{n=1}^{\infty}\frac{1}{n+\lambda+1}\sin n\Delta\theta_2\right)$$

$$-\frac{2}{1+\upsilon}\sin\theta_2\,u_\theta\sum_{n=1}^{\infty}\frac{1}{n+\lambda+1}\sin n\Delta\theta_2 - \cos\theta_2(-u_\rho)\sum_{n=1}^{\infty}\frac{1}{n+\lambda+1}\sin n\Delta\theta_2$$

$$+(1+\lambda)\left[-\cos\theta_2\,u_\theta\sum_{n=1}^{\infty}\frac{1}{n+\lambda+1}\cos n\Delta\theta_2 + \cos\theta_s\,u_\theta\sum_{n=1}^{\infty}\frac{1}{n+\lambda}\cos n\Delta\theta_2\right.$$

$$\left.\left. -\cos\theta_2(-u_\rho)\sum_{n=1}^{\infty}\frac{1}{n+\lambda+1}\sin n\Delta\theta_2 + \cos\theta_s(-u_\rho)\sum_{n=1}^{\infty}\frac{1}{n+\lambda}\sin n\Delta\theta_2\right]\right.$$

$$
-u_\theta \sin\frac{\sum\theta_2}{2}\sin\frac{\Delta\theta_2}{2} + (-u_\rho)\sin\frac{\sum\theta_2}{2}\cos\frac{\Delta\theta_2}{2}\bigg\} \tag{5-57}
$$

当 $i=2$ 时,

$$
\int_{\Gamma_2} T_{2j}^* u_j \mathrm{d}\Gamma = \frac{1+\upsilon}{4\pi} R^{1+\lambda}\bigg\{ -\frac{1-\upsilon}{1+\upsilon}\sin\theta_2 u_\theta \sum_{n=1}^{\infty}\frac{1}{n+\lambda+1}\cos n\Delta\theta_2
$$

$$
-\frac{1-\upsilon}{1+\upsilon}(-u_\rho)\Big(\cos\theta_2\sum_{n=1}^{\infty}\frac{1}{n+\lambda+1}\cos n\Delta\theta_2 + \sin\theta_2\sum_{n=1}^{\infty}\frac{1}{n+\lambda+1}\sin n\Delta\theta_2\Big)
$$

$$
+\frac{2}{1+\upsilon}\cos\theta_2 u_\theta \sum_{n=1}^{\infty}\frac{1}{n+\lambda+1}\sin n\Delta\theta_2 - \sin\theta_2(-u_\rho)\sum_{n=1}^{\infty}\frac{1}{n+\lambda+1}\sin n\Delta\theta_2
$$

$$
+(1+\lambda)\Big[-\sin\theta_2 u_\theta \sum_{n=1}^{\infty}\frac{1}{n+\lambda+1}\cos n\Delta\theta_2 + \sin\theta_s u_\theta \sum_{n=1}^{\infty}\frac{1}{n+\lambda}\cos n\Delta\theta_2
$$

$$
-\sin\theta_2(-u_\rho)\sum_{n=1}^{\infty}\frac{1}{n+\lambda+1}\sin n\Delta\theta_2 + \sin\theta_s(-u_\rho)\sum_{n=1}^{\infty}\frac{1}{n+\lambda}\sin n\Delta\theta_2\Big]
$$

$$
+u_\theta\cos\frac{\sum\theta_2}{2}\sin\frac{\Delta\theta_2}{2} - (-u_\rho)\cos\frac{\sum\theta_2}{2}\cos\frac{\Delta\theta_2}{2}\bigg\} \tag{5-58}
$$

另外,由 $\Gamma_2$ 上的边界条件 $t_j = 0(j=1,2)$,知式(5-8)等号右边第 5 项积分为:

$$
\int_{\Gamma_2} U_{ij}^* t_j \mathrm{d}\Gamma = 0 \tag{5-59}
$$

### 5.3.2　源点为角点 $A_1$ 或 $A_2$ 时的边界积分

5.3.2.1　角点 $A_1$ 为源点且场点在 $\Gamma_1$ 上的边界积分

当 $A_1(R,\theta_1)$ 为源点且场点 $x(\rho,\theta_1)$ 在 $\Gamma_1$ 上时,$\theta_s = \theta_1$,$\Delta\theta_1 = 0$,$\sum\theta_1 = 2\theta_1$,$r^2 = (\rho-R)^2$,参见图 5-5。所以:

$$
\cos\Delta\theta_1 = 1, \sin\Delta\theta_1 = 0, r_{,1} = -\cos\theta_1, r_{,2} = -\sin\theta_1, r_{,n} = 0, r_{,\tau} = -1
$$

令 $t = \rho/R$,记 $\bar{r}^2 = (r/R)^2 = (t-1)^2$,则 $\bar{r} = 1-t$。引入

$$
\frac{1}{1-t} = 1 + t + \cdots + t^i + \cdots = \sum_{i=0}^{\infty} t^i \qquad |t| < 1 \tag{5-60}
$$

$$
\int_0^{1-\frac{\varepsilon}{R}} \frac{1-t^\lambda}{1-t}\mathrm{d}t = \sum_{i=0}^{\infty}\frac{1}{i+1} - \sum_{i=0}^{\infty}\frac{1}{i+1+\lambda} = \lambda\sum_{i=1}^{\infty}\frac{1}{i(i+\lambda)} \tag{5-61}
$$

$$\int_0^{1-\frac{\varepsilon}{R}} \frac{t^{\lambda+1}}{t-1}dt = \int_0^{1-\frac{\varepsilon}{R}} \left( \frac{1-t^{\lambda+1}}{1-t} - \frac{1}{1-t} \right) dt = (1+\lambda)\sum_{i=1}^{\infty} \frac{1}{i(i+1+\lambda)} + \ln(1-t) \Big|_0^{1-\frac{\varepsilon}{R}}$$

$$= \ln\varepsilon - \ln R + (1+\lambda)\sum_{i=1}^{\infty} \frac{1}{i(i+1+\lambda)} \tag{5-62}$$

将积分核式(5-18)在边界 $\Gamma_1$ 上积分,当 $i=1$ 时,有:

$$\int_{\Gamma_1} T_{ij}^* u_j d\Gamma = \frac{1+v}{4\pi} R^{1+\lambda} \int_0^{1-\frac{\varepsilon}{R}} t^{1+\lambda} \left[ -\frac{1-v}{1+v} \frac{\cos\theta_1}{t-1} u_\theta(\theta_1) - \frac{1-v}{1+v} \frac{\sin\theta_1}{t-1} u_\rho(\theta_1) \right] dt =$$

$$\frac{1+v}{4\pi} R^{1+\lambda} \left\{ \frac{1-v}{1+v} \left[ -\cos\theta_1(1+\lambda)u_\theta(\theta_1)\sum_{i=1}^{\infty} \frac{1}{i(i+1+\lambda)} - \cos\theta_1 u_\theta(\theta_1)(\ln\varepsilon-\ln R) - \right. \right.$$

$$\left. \left. \sin\theta_1(1+\lambda)u_\rho(\theta_1)\sum_{i=1}^{\infty} \frac{1}{i(i+1+\lambda)} - \sin\theta_1 u_\rho(\theta_1)(\ln\varepsilon-\ln R) \right] \right\} \tag{5-63}$$

当 $i=2$ 时,有:

$$\int_{\Gamma_1} T_{ij}^* u_j d\Gamma = \frac{1+v}{4\pi} R^{1+\lambda} \int_0^{1-\frac{\varepsilon}{R}} t^{1+\lambda} \left[ -\frac{1-v}{1+v} \frac{\sin\theta_1}{t-1} u_\theta(\theta_1) + \frac{1-v}{1+v} \frac{\cos\theta_1}{t-1} u_\rho(\theta_1) \right] dt =$$

$$\frac{1+v}{4\pi} R^{1+\lambda} \left\{ \frac{1-v}{1+v} \left[ -\sin\theta_1(1+\lambda)u_\theta(\theta_1)\sum_{i=1}^{\infty} \frac{1}{i(i+1+\lambda)} - \sin\theta_1 u_\theta(\theta_1)(\ln\varepsilon-\ln R) + \right. \right.$$

$$\left. \left. \cos\theta_1(1+\lambda)u_\rho(\theta_1)\sum_{i=1}^{\infty} \frac{1}{i(i+1+\lambda)} + \cos\theta_1 u_\rho(\theta_1)(\ln\varepsilon-\ln R) \right] \right\} \tag{5-64}$$

### 5.3.2.2　角点 $A_2$ 为源点且场点在 $\Gamma_2$ 上的边界积分

当 $A_2(R,\theta_2)$ 为源点且场点 $x(\rho,\theta_2)$ 在 $\Gamma_2$ 上, $\theta_s=\theta_2$ , $\Delta\theta_2=0$ , $\sum\theta_2=2\theta_2$ , $r^2=(\rho-R)^2$ ,参见图5-5。所以:

$$\cos\Delta\theta_2=1, \sin\Delta\theta_2=0, r_{,1}=-\cos\theta_2, r_{,2}=-\sin\theta_2, r_{,n}=0, r_{,\tau}=1$$

令 $t=\rho/R$ ,记 $\bar{r}^2=(r/R)^2=(t-1)^2$ ,则 $\bar{r}=1-t$ 。将积分核式(5-22)在 $\Gamma_2$ 边界上积分,当 $i=1$ 时,有:

$$\int_{\Gamma_2} T_{ij}^* u_j d\Gamma = \frac{1+v}{4\pi} R^{1+\lambda} \int_0^{1-\frac{\varepsilon}{R}} t^{1+\lambda} \frac{1}{1-t} \frac{1-v}{1+v} [-\cos\theta_2 u_\theta(\theta_2) - \sin\theta_2 u_\rho(\theta_2)] dt$$

$$= \frac{1+v}{4\pi} R^{1+\lambda} \frac{1-v}{1+v} \left[ \cos\theta_2(1+\lambda)u_\theta(\theta_2)\sum_{i=1}^{\infty} \frac{1}{i(i+1+\lambda)} + \cos\theta_2 u_\theta(\theta_2)(\ln\varepsilon-\ln R) + \right.$$

$$\left. \sin\theta_2(1+\lambda)u_\rho(\theta_2)\sum_{i=1}^{\infty} \frac{1}{i(i+1+\lambda)} + \sin\theta_2 u_\rho(\theta_2)(\ln\varepsilon-\ln R) \right] \tag{5-65}$$

当 $i=2$ 时,有:

$$\int_{\Gamma_i} T_{ij}^* u_j \mathrm{d}\Gamma = \frac{1+v}{4\pi}R^{1+\lambda}\int_0^{1-\frac{\epsilon}{R}} t^{1+\lambda}\frac{1}{1-t}\frac{1-v}{1+v}[-\sin\theta_2 u_\theta(\theta_2)+\cos\theta_2 u_\rho(\theta_2)]\mathrm{d}t$$

$$= \frac{1+v}{4\pi}R^{1+\lambda}\frac{1-v}{1+v}\left[\sin\theta_2(1+\lambda)u_\theta(\theta_2)\sum_{i=1}^{\infty}\frac{1}{i(i+1+\lambda)}+\sin\theta_2 u_\theta(\theta_2)(\ln\epsilon-\ln R)-\right.$$

$$\left.\cos\theta_2(1+\lambda)u_\rho(\theta_2)\sum_{i=1}^{\infty}\frac{1}{i(i+1+\lambda)}-\cos\theta_2 u_\rho(\theta_2)(\ln\epsilon-\ln R)\right] \qquad (5-66)$$

# 5.4　切口边界积分方程的数值实施

## 5.4.1　主值积分的处理

切口边界积分方程(5-8)在边界离散后做数值积分,当源点为被积单元上的点时,式(5-38,5-39)中积分 $\int_{\Gamma_R} T_{ij}^* u_j \mathrm{d}\Gamma$ 是具有强奇异性,为 Cauchy 奇异主值积分。另外,虽然在常规边界元法中积分 $\int_{\Gamma_R} U_{ij}^* t_j \mathrm{d}\Gamma$ 仅存在弱奇异性,奇异性可以自身消除,但由于式(5-35,5-36)对 $u'_\rho(\theta)$ 和 $u'_\theta(\theta)$ 做了分部积分,故又滋生出了 Cauchy 主值积分。下面分别运用扣除法(Subtraction 法)处理出现的 Cauchy 奇异积分。

### 5.4.1.1　$\int_{\Gamma_R} T_{ij}^* u_j \mathrm{d}\Gamma$ 中的 Cauchy 主值积分

对式(5-38)采用 Subtraction 法有:

$$\int_{\Gamma_R} T_{1j}^* u_j \mathrm{d}\Gamma = R^{1+\lambda}\frac{1+v}{8\pi}\int_{\theta_1}^{\theta_2}\left\{\frac{1-v}{1+v}\left[\frac{\sin(\sum\theta/2)}{\sin(\Delta\theta/2)}u_\rho(\theta)-\frac{2}{\Delta\theta}\sin\theta_s u_\rho(\theta_s)\right.\right.$$

$$\left.-2\cos\theta u_\rho(\theta)\right]-2\sin\frac{\sum\theta}{2}\sin\frac{\Delta\theta}{2}u_\rho(\theta)+\frac{1-v}{1+v}\left[\cos\theta\cot\frac{\Delta\theta}{2}u_\theta(\theta)\right.$$

$$\left.-\frac{2}{\Delta\theta}\cos\theta_s u_\theta(\theta_s)+\sin\theta u_\theta(\theta)\right]+2\sin\frac{\sum\theta}{2}\cos\frac{\Delta\theta}{2}u_\theta(\theta)\right\}\mathrm{d}\theta$$

$$+ R^{1+\lambda} \frac{1-v}{4\pi} \left[ \sin\theta_s u_\rho(\theta_s) \int_{\theta_1}^{\theta_2} \frac{1}{\Delta\theta} d\theta + \cos\theta_s u_\theta(\theta_s) \int_{\theta_1}^{\theta_2} \frac{1}{\Delta\theta} d\theta \right] \qquad (5-67)$$

对式(5-39)采用 Subtraction 法有

$$\int_{\Gamma_R} T_{2j}^* u_j d\Gamma = R^{1+\lambda} \frac{1+v}{8\pi} \int_{\theta_1}^{\theta_2} \left\{ \frac{1-v}{1+v} \left[ -\frac{\cos(\sum\theta/2)}{\sin(\Delta\theta/2)} u_\rho(\theta) + \frac{2}{\Delta\theta}\cos\theta_s u_\rho(\theta_s) - 2\sin\theta u_\rho(\theta) \right] \right.$$

$$+ 2\cos\frac{\sum\theta}{2}\sin\frac{\Delta\theta}{2} u_\rho(\theta) + \frac{1-v}{1+v}\left[ \sin\theta\cot\frac{\Delta\theta}{2} u_\theta(\theta) \right.$$

$$\left. -\frac{2}{\Delta\theta}\sin\theta_s u_\theta(\theta_s) - \cos\theta u_\theta(\theta) \right] - 2\cos\frac{\sum\theta}{2}\cos\frac{\Delta\theta}{2} u_\theta(\theta) \left\} d\theta \right.$$

$$+ R^{1+\lambda} \frac{1-v}{4\pi} \left[ -\cos\theta_s u_\rho(\theta_s) \int_{\theta_1}^{\theta_2} \frac{1}{\Delta\theta} d\theta + \sin\theta_s u_\theta(\theta_s) \int_{\theta_1}^{\theta_2} \frac{1}{\Delta\theta} d\theta \right] \qquad (5-68)$$

现在来计算式(5-67,5-68)中的积分 $\int_{\theta_1}^{\theta_2} \frac{1}{\Delta\theta} d\theta$,由于

$$\int_{\theta_a}^{\theta_b} \frac{1}{\Delta\theta} d\theta = \int_{\theta_a}^{\theta_s-\frac{\varepsilon}{R}} \frac{1}{\Delta\theta} d\theta + \int_{\theta_s+\frac{\varepsilon}{R}}^{\theta_b} \frac{1}{\Delta\theta} d\theta = -\ln|\Delta\theta| \Big|_{\theta=\theta_a}^{\theta_s-\frac{\varepsilon}{R}} + \Big|_{\theta=\theta_s+\frac{\varepsilon}{R}}^{\theta_b}$$

$$= -\ln\left|\frac{\theta_s-\theta_b}{\theta_s-\theta_a}\right| \theta_s \in [\theta_a, \theta_b] \qquad (5-69)$$

所以:

$$if \theta_s \to \theta_a, then \int_{\theta_a}^{\theta_b} \frac{1}{\Delta\theta} d\theta = \ln\varepsilon - \ln R - \ln|\theta_a - \theta_b| \qquad (5-70a)$$

$$if \theta_s \to \theta_b, then \int_{\theta_a}^{\theta_b} \frac{1}{\Delta\theta} d\theta = -\ln\varepsilon + \ln R + \ln|\theta_a - \theta_b| \qquad (5-70b)$$

当源点与线性积分单元的节点重合时,源点将对其所在处的前一个单元和后一个单元分别做积分,由式(5-70a)和式(5-70b)相加可知,奇异项 $(\ln\varepsilon - \ln R)$ 正好抵消。整体说来,当源点沿 $\Gamma_R$ 上的边界点走一遍,仅当源点与第一个单元的首节点和最后一个单元的末节点重合时还有奇异项$(\ln\varepsilon - \ln R)$,该奇异部分正好与式(5-63,5-64)和式(5-65,5-66)中的奇异部分 $(\ln\varepsilon - \ln R)$ 相抵消。

5.4.1.2 $\int_{\Gamma_R} U_{ij}^* t_j d\Gamma$ 中的奇异主值积分

存在如下的级数展开式:

$$\begin{cases} \ln|\sin x| = \ln|x| - \dfrac{x^2}{6} - \dfrac{x^4}{180} - \cdots \\[2mm] \cot x = \dfrac{1}{x} - \dfrac{x}{3} - \dfrac{x^3}{45}\cdots \end{cases} \qquad 0 < |x| < \pi \qquad (5-71)$$

利用式 $(5-71)$ 对式 $(5-35,5-36)$ 中的 Cauchy 奇异积分施行 Subtraction 法。对式 $(5-35)$ 有：

$$\int_{\Gamma_R} U_{1j}^* t_j \mathrm{d}\Gamma = -R^{1+\lambda}\frac{1+\upsilon}{8\pi}\int_{\theta_1}^{\theta_2}\left\{(1+\upsilon+\lambda)\left[u_\rho(\theta)\frac{6-2\upsilon}{1-\upsilon^2}\cos\theta\ln\left|\sin\frac{\Delta\theta}{2}\right|\right.\right.$$

$$-u_\rho(\theta_s)\frac{6-2\upsilon}{1-\upsilon^2}\cos\theta_s\ln\left|\frac{\Delta\theta}{2}\right| - \frac{1}{1-\upsilon}(\cos\theta-\cos\theta_s)u_\rho(\theta)\Big]$$

$$-\frac{1}{2}u_\rho(\theta)\frac{3-\upsilon}{1+\upsilon}\left(\sin\theta\cot\frac{\Delta\theta}{2} - 2\cos\theta\ln\left|\sin\frac{\Delta\theta}{2}\right|\right)$$

$$+\frac{1}{2}u_\rho(\theta_s)\frac{3-\upsilon}{1+\upsilon}\left(\sin\theta_s\frac{2}{\Delta\theta} - 2\cos\theta_s\ln\left|\frac{\Delta\theta}{2}\right|\right) - \frac{1}{2}u_\rho(\theta)\cos\theta$$

$$+u_\theta(\theta)\lambda\frac{3-\upsilon}{1+\upsilon}(-\sin\theta)\ln\left|\sin\frac{\Delta\theta}{2}\right| + u_\theta(\theta_s)\lambda\frac{3-\upsilon}{1+\upsilon}\sin\theta_s\ln\left|\frac{\Delta\theta}{2}\right|$$

$$+u_\theta(\theta)\lambda\frac{1}{2}(\sin\theta+\sin\theta_s) + u_\theta(\theta)\frac{3-\upsilon}{1-\upsilon^2}\upsilon\left(\cos\theta\cot\frac{\Delta\theta}{2} + 2\sin\theta\ln\left|\sin\frac{\Delta\theta}{2}\right|\right)$$

$$-u_\theta(\theta_s)\frac{3-\upsilon}{1-\upsilon^2}\upsilon\left(\cos\theta_s\frac{2}{\Delta\theta} + 2\sin\theta_s\ln\left|\frac{\Delta\theta}{2}\right|\right) - u_\theta(\theta)\frac{\upsilon}{1-\upsilon}\sin\theta\right\}\mathrm{d}\theta$$

$$(\ast 1) - R^{1+\lambda}\frac{1+\upsilon}{8\pi}\left\{u_\rho\left[\frac{3-\upsilon}{1+\upsilon}(-\sin\theta)\ln\left|\sin\frac{\Delta\theta}{2}\right| + \frac{1}{2}(\sin\theta+\sin\theta_s)\right]\right|_{\theta=\theta_1}^{\theta_2}$$

$$(\ast 2) + u_\theta\left[\frac{6-2\upsilon}{1-\upsilon^2}\upsilon\cos\theta\ln\left|\sin\frac{\Delta\theta}{2}\right| + \frac{\upsilon}{1-\upsilon}(\cos\theta_s-\cos\theta)\right]\bigg|_{\theta=\theta_1}^{\theta_2}\right\}$$

$$+R^{1+\lambda}\frac{1+\upsilon}{8\pi}\left\{-(1+\upsilon+\lambda)u_\rho(\theta_s)\frac{6-2\upsilon}{1-\upsilon^2}\cos\theta_s\int_{\theta_1}^{\theta_2}\ln\left|\frac{\Delta\theta}{2}\right|\mathrm{d}\theta\right.$$

$$+u_\theta(\theta_s)\lambda\frac{3-\upsilon}{1+\upsilon}\sin\theta_s\int_{\theta_1}^{\theta_2}\ln\left|\frac{\Delta\theta}{2}\right|\mathrm{d}\theta$$

$$+u_\rho(\theta_s)\frac{3-\upsilon}{1+\upsilon}\left(\sin\theta_s\int_{\theta_1}^{\theta_2}\frac{1}{\Delta\theta}\mathrm{d}\theta - \cos\theta_s\int_{\theta_1}^{\theta_2}\ln\left|\frac{\Delta\theta}{2}\right|\mathrm{d}\theta\right)$$

$$-u_\theta(\theta_s)\frac{3-\upsilon}{1-\upsilon^2}\upsilon\left(2\cos\theta_s\int_{\theta_1}^{\theta_2}\frac{1}{\Delta\theta}\mathrm{d}\theta + 2\sin\theta_s\int_{\theta_1}^{\theta_2}\ln\left|\frac{\Delta\theta}{2}\right|\mathrm{d}\theta\right)\right\} \qquad (5-72)$$

当源点 $\theta_s$ 为 $\theta_1$ 或 $\theta_2$ 时,式(5 - 72)第(＊1)行中的 $\Delta\theta \to 0$,此时 $\ln\left|\sin\dfrac{\Delta\theta}{2}\right|\Big|_{\theta_1}^{\theta_2}$ 的主值积分应为 $\ln\left|\dfrac{1}{2}\Delta\theta\right|\Big|_{\theta_1}^{\theta_2}$。

$$\text{if}\,\theta_s \to \theta_1, \text{then } \ln\left|\sin\frac{\Delta\theta}{2}\right|\Big|_{\theta_1+\frac{\pi}{\pi}}^{\theta_2} = \ln\left|\sin\frac{1}{2}(\theta_1-\theta_2)\right| - \ln\frac{1}{2} - (\ln\varepsilon - \ln R) \qquad (5-73\text{a})$$

$$\text{if}\,\theta_s \to \theta_2, \text{then } \ln\left|\sin\frac{\Delta\theta}{2}\right|\Big|_{\theta_1}^{\theta_2-\frac{\pi}{\pi}} = \ln\frac{1}{2} + (\ln\varepsilon - \ln R) - \ln\left|\sin\frac{1}{2}(\theta_2-\theta_1)\right| \qquad (5-73\text{b})$$

其中的奇异部分 $(\ln\varepsilon - \ln R)$ 恰好与式(5-72)倒数第 2 行中积分 $\int_{\theta_1}^{\theta_2}\dfrac{1}{\Delta\theta}\mathrm{d}\theta$ 的表达式(5-70)中的奇异项 $(\ln\varepsilon - \ln R)$ 相抵消。类似地,式(5-72)中(＊2)行中的 $\ln\left|\sin\dfrac{\Delta\theta}{2}\right|\Big|_{\theta_1}^{\theta_2}$ 的奇异部分恰与式(5-72)中倒数第 1 行中的积分 $\int_{\theta_1}^{\theta_2}\dfrac{1}{\Delta\theta}\mathrm{d}\theta$ 的奇异部分相抵消。

对式(5 - 36)实施 Subtraction 以消除 Cauchy 主值积分得:

$$\int_{\Gamma_R} U_{2j}^* t_j \mathrm{d}\Gamma = -R^{1+\lambda}\frac{1+\upsilon}{8\pi}\int_{\theta_1}^{\theta_2}\left\{(1+\upsilon+\lambda)\left[u_\rho(\theta)\frac{6-2\upsilon}{1-\upsilon^2}\sin\theta\ln\left|\sin\frac{\Delta\theta}{2}\right|\right.\right.$$

$$-u_\rho(\theta_s)\frac{6-2\upsilon}{1-\upsilon^2}\sin\theta_s\ln\left|\frac{\Delta\theta}{2}\right| - \frac{1}{1-\upsilon}u_\rho(\theta)(\sin\theta-\sin\theta_s)\bigg]$$

$$+\frac{1}{2}u_\rho(\theta)\frac{3-\upsilon}{1+\upsilon}\left(\cos\theta\cot\frac{\Delta\theta}{2}+2\sin\theta\ln\left|\sin\frac{\Delta\theta}{2}\right|\right)$$

$$-\frac{1}{2}u_\rho(\theta_s)\frac{3-\upsilon}{1+\upsilon}\left(\cos\theta_s\frac{2}{\Delta\theta}+2\sin\theta_s\ln\left|\frac{\Delta\theta}{2}\right|\right) - \frac{1}{2}u_\rho(\theta)\sin\theta$$

$$+u_\theta(\theta)\lambda\frac{3-\upsilon}{1+\upsilon}\cos\theta\ln\left|\sin\frac{\Delta\theta}{2}\right| - u_\theta(\theta_s)\lambda\frac{3-\upsilon}{1+\upsilon}\cos\theta_s\ln\left|\frac{\Delta\theta}{2}\right|$$

$$-\frac{1}{2}u_\theta(\theta)\lambda(\cos\theta+\cos\theta_s)+u_\theta(\theta)\frac{3-\upsilon}{1-\upsilon^2}\upsilon\left(\sin\theta\cot\frac{\Delta\theta}{2}-2\cos\theta\ln\left|\sin\frac{\Delta\theta}{2}\right|\right)$$

$$-u_\theta(\theta_s)\frac{3-\upsilon}{1-\upsilon^2}\upsilon\left(\sin\theta_s\frac{2}{\Delta\theta}-2\cos\theta_s\ln\left|\frac{\Delta\theta}{2}\right|\right)+u_\theta(\theta)\frac{\upsilon}{1-\upsilon}\cos\theta\bigg\}\mathrm{d}\theta$$

$$-R^{1+\lambda}\frac{1+\upsilon}{8\pi}\left\{u_\rho(\theta)\left[\frac{3-\upsilon}{1+\upsilon}\cos\theta\ln\left|\sin\frac{\Delta\theta}{2}\right| - \frac{1}{2}(\cos\theta+\cos\theta_s)\right]\right\}\Big|_{\theta=\theta_1}^{\theta_2}$$

$$+ u_\theta \left[ \frac{6-2\upsilon}{1-\upsilon^2} \upsilon \sin\theta \ln \left| \sin \frac{\Delta\theta}{2} \right| + \frac{\upsilon}{1-\upsilon}(\sin\theta_s - \sin\theta) \right] \Big|_{\theta=\theta_1}^{\theta_2} \bigg\}$$

$$+ R^{1+\lambda} \frac{1+\upsilon}{8\pi} \bigg\{ -(1+\upsilon+\lambda) u_\rho(\theta_s) \frac{6-2\upsilon}{1-\upsilon^2} \sin\theta_s \int_{\theta_1}^{\theta_2} \ln \left| \frac{\Delta\theta}{2} \right| d\theta$$

$$- u_\theta(\theta_s) \lambda \frac{3-\upsilon}{1+\upsilon} \cos\theta_s \int_{\theta_1}^{\theta_2} \ln \left| \frac{\Delta\theta}{2} \right| d\theta$$

$$- u_\rho(\theta_s) \frac{3-\upsilon}{1+\upsilon} \left( \cos\theta_s \int_{\theta_1}^{\theta_2} \frac{1}{\Delta\theta} d\theta + \sin\theta_s \int_{\theta_1}^{\theta_2} \ln \left| \frac{\Delta\theta}{2} \right| d\theta \right)$$

$$- u_\theta(\theta_s) \frac{3-\upsilon}{1-\upsilon^2} \upsilon \left( 2\sin\theta_s \int_{\theta_1}^{\theta_2} \frac{1}{\Delta\theta} d\theta - 2\cos\theta_s \int_{\theta_1}^{\theta_2} \ln \left| \frac{\Delta\theta}{2} \right| d\theta \right) \bigg\} \qquad (5-74)$$

依据本节的主值积分分析,遇到奇异项$(\ln\varepsilon - \ln R)$必相互抵消。

### 5.4.2　弱奇异积分的处理

记 $\Delta\theta = \theta_s - \theta$,当源点 $\theta_s \to \theta_a$ 或 $\theta_s \to \theta_b$ 时数值积分 $\int_{\theta_a}^{\theta_b} \ln \left| \frac{1}{2}\Delta\theta \right| d\theta$ 有弱奇异性。存在如下的积分公式:

$$\int_{\theta_a}^{\theta_b} \ln \left| \frac{1}{2}\Delta\theta \right| d\theta = \Delta\theta \left( 1 - \ln \left| \frac{1}{2}\Delta\theta \right| \right) \Big|_{\theta_a}^{\theta_s - \frac{\varepsilon}{R}} + \Big|_{\theta_s + \frac{\varepsilon}{R}}^{\theta_b}$$

$$= \frac{\varepsilon}{R} \left( 1 - \ln \frac{\varepsilon}{2R} \right) - (\theta_s - \theta_a) \left[ 1 - \ln \left| \frac{1}{2}(\theta_s - \theta_a) \right| \right] +$$

$$(\theta_s - \theta_b) \left[ 1 - \ln \left| \frac{1}{2}(\theta_s - \theta_b) \right| \right] + \frac{\varepsilon}{R} \left( 1 - \ln \frac{\varepsilon}{2R} \right) \qquad (5-75)$$

其中 $\theta_a \leqslant \theta_s \leqslant \theta_b$,易证 $\lim\limits_{\varepsilon \to 0} \frac{\varepsilon}{R} \left( 1 - \ln \frac{\varepsilon}{2R} \right) = 0$,因此

$$\text{if} \theta_s \to \theta_a, \text{then} \int_{\theta_a}^{\theta_b} \ln \left| \frac{1}{2}\Delta\theta \right| d\theta = (\theta_a - \theta_b) \left[ 1 - \ln \left| \frac{1}{2}(\theta_a - \theta_b) \right| \right] \qquad (5-76a)$$

$$\text{if} \theta_s \to \theta_b, \text{then} \int_{\theta_a}^{\theta_b} \ln \left| \frac{1}{2}\Delta\theta \right| d\theta = (\theta_a - \theta_b) \left[ 1 - \ln \left| \frac{1}{2}(\theta_a - \theta_b) \right| \right] \qquad (5-76b)$$

可见,当源点 $\theta_s \to \theta_a$ 或 $\theta_s \to \theta_b$ 时,弱奇异积分 $\int_{\theta_a}^{\theta_b} \ln \left| \frac{1}{2}\Delta\theta \right| d\theta$ 是有限值,数值积分无需特殊处理。

### 5.4.3 切口边界积分方程的离散及装配

对切口边界积分方程(5-8),在 $\Gamma_R$ 上划分 $m$ 个单元,$n$ 个节点,则 $\Gamma_R = \sum_{e=1}^{m} \Gamma_e$。设各节点位移特征角函数所组成的向量为:

$$\vec{u} = (u_{\rho_1} \, u_{\theta_1} \, u_{\rho_2} \, u_{\theta_2} \cdots u_{\rho_n} \, u_{\theta_n})^{\mathrm{T}} \qquad (5-77)$$

由于有式(5-52)和式(5-59),故式(5-8)化简为:

$$C_{ij} u_j(y) = \int_{\Gamma_R} U_{ij}^* t_j \mathrm{d}\Gamma - \int_{\Gamma_R} T_{ij}^* u_j \mathrm{d}\Gamma - \int_{\Gamma_1} T_{ij}^* u_j \mathrm{d}\Gamma - \int_{\Gamma_2} T_{ij}^* u_j \mathrm{d}\Gamma \quad y \in \Gamma_R \quad (5-78)$$

离散后的积分方程为:

$$C_{ij} R^{1+\lambda}(n_j u_\rho + \tau_j u_\theta) = \sum_{e=1}^{m} \int_{\Gamma_e} U_{ij}^* t_j \mathrm{d}\Gamma - \sum_{e=1}^{m} \int_{\Gamma_e} T_{ij}^* u_j \mathrm{d}\Gamma -$$

$$\int_{\Gamma_1} T_{ij}^* u_j \mathrm{d}\Gamma - \int_{\Gamma_2} T_{ij}^* u_j \mathrm{d}\Gamma \qquad (5-79)$$

在单元 $\Gamma_e$ 上采用线性插值,则:

$$u_\rho = \sum_{s=1}^{2} N^{(s)} u_\rho^{(s)} \,, u_\theta = \sum_{s=1}^{2} N^{(s)} u_\theta^{(s)} \qquad (5-80)$$

其中形函数 $N^{(1)} = \dfrac{1-\xi}{2}, N^{(2)} = \dfrac{1+\xi}{2}$。

注意到式(5-50,5-51,5-57,5-58,5-63 ~ 5-66)的级数项中 $\lambda$ 在分母,取变量替换

$$\begin{cases} Z_{\rho j}^{\mathrm{I}} = u_\rho(\theta_1) \dfrac{1}{j+1+\lambda} \\[2mm] Z_{\theta j}^{\mathrm{I}} = u_\theta(\theta_1) \dfrac{1}{j+1+\lambda} \\[2mm] Z_{\rho j}^{\mathrm{II}} = u_\rho(\theta_2) \dfrac{1}{j+1+\lambda} \\[2mm] Z_{\theta j}^{\mathrm{II}} = u_\theta(\theta_2) \dfrac{1}{j+1+\lambda} \end{cases} \qquad j = 1,2,\cdots,l \qquad (5-81)$$

其中 $l$ 为选取的级数项数。注意式(5-50,5-51,5-57,5-58)中含 $\dfrac{1}{n+\lambda}$($n = 1,2,\cdots l$)项级数的处理,如式(5-57)中的

$$(1+\lambda)\cos\theta_s u_\theta(\theta_2)\sum_{n=1}^{l}\frac{1}{n+\lambda}\cos(n\Delta\theta_2)$$

$$=\cos\theta_s u_\theta(\theta_2)\cos\Delta\theta_2 +(1+\lambda)\cos\theta_s u_\theta(\theta_2)\sum_{n=2}^{l}\frac{1}{n+\lambda}\cos(n\Delta\theta_2)$$

$$\tag{5-82}$$

$$=\cos\theta_s u_\theta(\theta_2)\cos\Delta\theta_2 +(1+\lambda)\cos\theta_s\sum_{j=2}^{l}Z_{\theta,j-1}^{\mathrm{II}}\cos(j\Delta\theta_2)$$

$$=\cos\theta_s u_\theta(\theta_2)\cos\Delta\theta_2 +(1+\lambda)\cos\theta_s\sum_{j=1}^{l-1}Z_{\theta j}^{\mathrm{II}}\cos((j+1)\Delta\theta_2)$$

为了行文的统一,不嫌其赘,引式$(5-81,5-82)$到式$(5-50,5-51,5-57,5-58,5-63\sim5-66)$中,得到切口边界积分方程离散式$(5-79)$等号右边第 3 和第 4 项积分的具体表达式。

$(1)i=1,\theta_s\neq\theta_1$,式$(5-50)$可写为:

$$\int_{\Gamma_1}T_{1j}^*u_j\mathrm{d}\Gamma=\frac{1+\upsilon}{4\pi}R^{1+\lambda}\left\{\frac{1-\upsilon}{1+\upsilon}\cos\theta_1\sum_{n=1}^{l}Z_{\theta n}^{\mathrm{I}}\cos n\Delta\theta_1 +\frac{2}{1+\upsilon}\sin\theta_1\sum_{n=1}^{l}Z_{\theta n}^{\mathrm{I}}\sin n\Delta\theta_1\right.$$

$$+\frac{1-\upsilon}{1+\upsilon}(\sin\theta_1\sum_{n=1}^{l}Z_{\rho n}^{\mathrm{I}}\cos n\Delta\theta_1 -\cos\theta_1\sum_{n=1}^{l}Z_{\rho n}^{\mathrm{I}}\sin n\Delta\theta_1)$$

$$+(1+\lambda)\cos\theta_1\sum_{n=1}^{l}Z_{\theta n}^{\mathrm{I}}\cos n\Delta\theta_1 -u_\theta(\theta_1)\cos\theta_s\cos\Delta\theta_1$$

$$-(1+\lambda)\cos\theta_s\sum_{n=1}^{l-1}Z_{\theta n}^{\mathrm{I}}\cos(n+1)\Delta\theta_1$$

$$-(2+\lambda)\cos\theta_1\sum_{n=1}^{l}Z_{\rho n}^{\mathrm{I}}\sin n\Delta\theta_1 +(1+\lambda)\cos\theta_s\sum_{n=1}^{l-1}Z_{\rho n}^{\mathrm{I}}\sin(n+1)$$

$$\Delta\theta_1 +u_\rho(\theta_1)\cos\theta_s\sin\Delta\theta_1 +u_\theta(\theta_1)\sin(\sum\theta_1/2)\sin(\Delta\theta_1/2)$$

$$\left.+u_\rho(\theta_1)\sin(\sum\theta_1/2)\cos(\Delta\theta_1/2)\right\}\tag{5-83}$$

$(2)i=1,\theta_s=\theta_1$,式$(5-63)$可写为:

$$\int_{\Gamma_1}T_{1j}^*u_j\mathrm{d}\Gamma=-\frac{1-\upsilon}{4\pi}(1+\lambda)R^{1+\lambda}\left(\cos\theta_1\sum_{n=1}^{l}\frac{1}{n}Z_{\theta n}^{\mathrm{I}}+\sin\theta_1\sum_{n=1}^{l}\frac{1}{n}Z_{\rho n}^{\mathrm{I}}\right)\tag{5-84}$$

$(3)i=2,\theta_s\neq\theta_1$,式$(5-51)$可写为:

$$\int_{\Gamma_1}T_{2j}^*u_j\mathrm{d}\Gamma=\frac{1+\upsilon}{4\pi}R^{1+\lambda}\left\{\frac{1-\upsilon}{1+\upsilon}\sin\theta_1\sum_{n=1}^{l}Z_{\theta n}^{\mathrm{I}}\cos n\Delta\theta_1 -\frac{2}{1+\upsilon}\cos\theta_1\sum_{n=1}^{l}Z_{\theta n}^{\mathrm{I}}\sin n\Delta\theta_1\right.$$

$$- \frac{1-\upsilon}{1+\upsilon}(\cos\theta_1 \sum_{n=1}^{l} Z_{\rho n}^{I} \cos n\Delta\theta_1 + \sin\theta_1 \sum_{n=1}^{l} Z_{\rho n}^{I} \sin n\Delta\theta_1)$$

$$+ (1+\lambda)\sin\theta_1 \sum_{n=1}^{l} Z_{\theta n}^{I} \cos n\Delta\theta_1 - u_\theta(\theta_1)\sin\theta_s\cos\Delta\theta_1$$

$$- (1+\lambda)\sin\theta_s \sum_{n=1}^{l-1} Z_{\theta n}^{I} \cos(n+1)\Delta\theta_1 - (2+\lambda)\sin\theta_1 \sum_{n=1}^{l} Z_{\rho n}^{I} \sin n\Delta\theta_1$$

$$+ u_\rho(\theta_1)\sin\theta_s \sin\Delta\theta_1 + (1+\lambda)\sin\theta_s \sum_{n=1}^{l-1} Z_{\rho n}^{I} \sin(n+1)\Delta\theta_1$$

$$- u_\theta(\theta_1)\cos(\sum\theta_1/2)\sin(\Delta\theta_1/2) - u_\rho(\theta_1)\cos(\sum\theta_1/2)\cos(\Delta\theta_1/2)\} \quad (5-85)$$

$(4)i=2,\theta_s=\theta_1$,式$(5-64)$可写为:

$$\int_{\Gamma_s} T_{2j}^* u_j \mathrm{d}\Gamma = \frac{1-\upsilon}{4\pi}(1+\lambda)R^{1+\lambda}\left(-\sin\theta_1 \sum_{n=1}^{l} \frac{1}{n}Z_{\theta n}^{I} + \cos\theta_1 \sum_{n=1}^{l} \frac{1}{n}Z_{\rho n}^{I}\right) \quad (5-86)$$

$(5)i=1,\theta_s\neq\theta_2$,式$(5-57)$可写为:

$$\int_{\Gamma_s} T_{1j}^* u_j \mathrm{d}\Gamma = \frac{1+\upsilon}{4\pi}R^{1+\lambda}\{-\frac{1-\upsilon}{1+\upsilon}\cos\theta_2 \sum_{n=1}^{l} Z_{\theta n}^{II} \cos n\Delta\theta_2 - \frac{2}{1+\upsilon}\sin\theta_2 \sum_{n=1}^{l} Z_{\theta n}^{II} \sin n\Delta\theta_2$$

$$- \frac{1-\upsilon}{1+\upsilon}(\sin\theta_2 \sum_{n=1}^{l} Z_{\rho n}^{II} \cos n\Delta\theta_2 - \cos\theta_2 \sum_{n=1}^{l} Z_{\rho n}^{II} \sin n\Delta\theta_2)$$

$$- (1+\lambda)\cos\theta_2 \sum_{n=1}^{l} Z_{\theta n}^{II} \cos n\Delta\theta_2 + u_\theta(\theta_2)\cos\theta_s\cos\Delta\theta_2$$

$$+ (1+\lambda)\cos\theta_s \sum_{n=1}^{l-1} Z_{\theta n}^{II} \cos(n+1)\Delta\theta_2$$

$$+ (2+\lambda)\cos\theta_2 \sum_{n=1}^{l} Z_{\rho n}^{II} \sin n\Delta\theta_2 - u_\rho(\theta_2)\cos\theta_s\sin\Delta\theta_2$$

$$- (1+\lambda)\cos\theta_s \sum_{n=1}^{l-1} Z_{\rho n}^{II} \sin(n+1)\Delta\theta_2$$

$$- u_\theta(\theta_2)\sin(\sum\theta_2/2)\sin(\Delta\theta_2/2)$$

$$- u_\rho(\theta_2)\sin(\sum\theta_2/2)\cos(\Delta\theta_2/2)\} \quad (5-87)$$

$(6)i=1,\theta_s=\theta_2$,式$(5-65)$可写为:

$$\int_{\Gamma_s} T_{1j}^* u_j \mathrm{d}\Gamma = \frac{1-\upsilon}{4\pi}(1+\lambda)R^{1+\lambda}\left(\cos\theta_2 \sum_{n=1}^{l} \frac{1}{n}Z_{\theta n}^{II} + \sin\theta_2 \sum_{n=1}^{l} \frac{1}{n}Z_{\rho n}^{II}\right) \quad (5-88)$$

$(7) i = 2, \theta_s \neq \theta_2$，式$(5-58)$可写为：

$$\int_{\Gamma_2} T_{2j}^* u_j \mathrm{d}\Gamma = \frac{1+\upsilon}{4\pi} R^{1+\lambda} \{ -\frac{1-\upsilon}{1+\upsilon} \sin\theta_2 \sum_{n=1}^{l} Z_{\theta n}^{\mathrm{II}} \cos n\Delta\theta_2 + \frac{2}{1+\upsilon} \cos\theta_2 \sum_{n=1}^{l} Z_{\theta n}^{\mathrm{II}} \sin n\Delta\theta_2$$

$$+ \frac{1-\upsilon}{1+\upsilon} (\cos\theta_2 \sum_{n=1}^{l} Z_{\rho n}^{\mathrm{II}} \cos n\Delta\theta_2 + \sin\theta_2 \sum_{n=1}^{l} Z_{\rho n}^{\mathrm{II}} \sin n\Delta\theta_2)$$

$$- (1+\lambda) \sin\theta_2 \sum_{n=1}^{l} Z_{\theta n}^{\mathrm{II}} \cos n\Delta\theta_2 + u_\theta(\theta_2) \sin\theta_s \cos\Delta\theta_2 + (1+\lambda) \sin\theta_s \sum_{n=1}^{l-1} Z_{\theta n}^{\mathrm{II}} \cos(n+1)\Delta\theta_2$$

$$+ (2+\lambda) \sin\theta_2 \sum_{n=1}^{l} Z_{\rho n}^{\mathrm{II}} \sin n\Delta\theta_2 - u_\rho(\theta_2) \sin\theta_s \sin\Delta\theta_2 - (1+\lambda) \sin\theta_s \sum_{n=1}^{l-1} Z_{\rho n}^{\mathrm{II}} \sin(n+1)\Delta\theta_2$$

$$+ u_\theta(\theta_2) \cos(\sum \theta_2 / 2) \sin(\Delta\theta_2 / 2) + u_\rho(\theta_2) \cos(\sum \theta_2 / 2) \cos(\Delta\theta_2 / 2) \} \qquad (5-89)$$

$(8) i = 2, \theta_s = \theta_2$，式$(5-66)$可写为：

$$\int_{\Gamma_2} T_{2j}^* u_j \mathrm{d}\Gamma = \frac{1-\upsilon}{4\pi} (1+\lambda) R^{1+\lambda} \left( \sin\theta_2 \sum_{n=1}^{l} \frac{1}{n} Z_{\theta n}^{\mathrm{II}} - \cos\theta_2 \sum_{n=1}^{l} \frac{1}{n} Z_{\rho n}^{\mathrm{II}} \right) \qquad (5-90)$$

引入向量

$$\vec{Z} = (Z_{\rho 1}^{\mathrm{I}}, Z_{\theta 1}^{\mathrm{I}}, Z_{\rho 2}^{\mathrm{I}}, Z_{\theta 2}^{\mathrm{I}}, \cdots, Z_{\rho l}^{\mathrm{I}}, Z_{\theta l}^{\mathrm{I}}, Z_{\rho 1}^{\mathrm{II}}, Z_{\theta 1}^{\mathrm{II}}, Z_{\rho 2}^{\mathrm{II}}, Z_{\theta 2}^{\mathrm{II}}, \cdots, Z_{\rho l}^{\mathrm{II}}, Z_{\theta l}^{\mathrm{II}})^T \qquad (5-91)$$

将积分表达式$(5-67, 5-68, 5-72, 5-74)$及积分解析表达式$(5-83 \sim 5-90)$代入离散后的切口边界积分方程$(5-79)$，等式两边同时约去$R^{1+\lambda}$，整理可得关于切口奇性指数$\lambda$的代数特征方程：

$$[A] \begin{bmatrix} \vec{u} \\ \vec{z} \end{bmatrix} = \lambda [B] \begin{bmatrix} \vec{u} \\ \vec{z} \end{bmatrix} \qquad (5-92)$$

其中$[A]$和$[B]$为系数矩阵，如果$[B]$的逆存在，则式$(5-92)$可化为标准特征值问题：

$$[B]^{-1} [A] \begin{bmatrix} \vec{u} \\ \vec{z} \end{bmatrix} = \lambda \begin{bmatrix} \vec{u} \\ \vec{z} \end{bmatrix} \qquad (5-93)$$

用 $QR$ 法求解可得特征根$\lambda$，即获得了切口的应力奇性指数。

## 5.5　数值算例

### 例 5.1　边界元法计算切口应力奇性指数

如图 5-6 所示的 V 形切口，内张角为$\beta$，切口材料的泊松比$\upsilon = 0.3$。利用本章所述的边界元法计算不同内张角时切口的应力奇性指数。

表 5-1 列出了切口在不同内张角时应力奇性指数实部在(-1,0)之间的值,这些是直接影响 V 形切口应力奇异性的重要参数,其中 $\lambda_1$ 相当于对称 Ⅰ 型应力奇性指数,$\lambda_2$ 相当于反对称 Ⅱ 型应力奇性指数。傅向荣和龙驭球(2004)[90] 采用分区 Müller 法,计算了 V 形切口应力奇性指数。

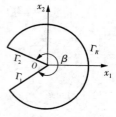

图 5-6  V 形切口

葛大丽(2007)[243] 根据切口尖端附近位移场的渐近展开,将线弹性力学理论控制方程转化为常微分方程组的特征值问题,并用插值矩阵法(牛忠荣,1993[93])求得切口的应力奇性指数。现将文[90]和文[243]的结果同列于表 5-1 中,以作比较。

表 5-1  V 形切口前两阶应力奇性指数

| $\beta(°)$ | $\lambda_1$ | | | $\lambda_2$ | | |
|---|---|---|---|---|---|---|
| | 本文方法 | Ref.[90] | Ref.[243] | 本文方法 | Ref.[90] | Ref.[243] |
| 190 | -0.0945 | -0.1000 | -0.0999 | / | / | / |
| 200 | -0.1815 | -0.1813 | -0.1813 | / | / | / |
| 210 | -0.2484 | -0.2480 | -0.2480 | / | / | / |
| 220 | -0.3079 | -0.3028 | -0.3028 | / | / | / |
| 230 | -0.3505 | -0.3477 | -0.3477 | / | / | / |
| 240 | -0.3877 | -0.3843 | -0.3843 | / | / | / |
| 250 | -0.4207 | -0.4137 | -0.4137 | / | / | / |
| 260 | -0.4432 | -0.4372 | -0.4372 | -0.0076 | -0.0195 | -0.0195 |
| 270 | -0.4579 | -0.4555 | -0.4556 | -0.0634 | -0.0915 | -0.0915 |
| 280 | -0.4708 | -0.4696 | -0.4696 | -0.1520 | -0.1566 | -0.1566 |
| 290 | -0.4803 | -0.4801 | -0.4801 | -0.2278 | -0.2156 | -0.2156 |
| 300 | -0.4823 | -0.4878 | -0.4878 | -0.2648 | -0.2691 | -0.2691 |
| 310 | -0.4858 | -0.4931 | -0.4931 | -0.3215 | -0.3177 | -0.3177 |
| 320 | -0.4970 | -0.4965 | -0.4965 | -0.3604 | -0.3618 | -0.3618 |
| 330 | -0.5092 | -0.4985 | -0.4985 | -0.4028 | -0.4018 | -0.4018 |
| 340 | -0.4859 | -0.4996 | -0.4996 | -0.4461 | -0.4380 | -0.4380 |

众所周知,内张角 $\beta < 180°$ 时 I 型应力奇异性消失,即不存在奇异性。根据计算结果发现, $\beta < 250°$ 时 II 型应力奇异性消失。从表 5-1 可以看出,本章方法计算结果能与文[90]和文[243]结果很好地吻合。

本章方法可以通过解特征方程(5-93)一次性地求出多阶应力奇性指数。表 5-2 和表 5-3 分别列出了不同内张角切口的前四阶 I 型和 II 型应力奇性指数的计算结果,下标"R"和"I"分别表示奇性指数的实部和虚部。

表 5-2　V 形切口 I 型对称问题奇性指数

| $\beta(°)$ | 方　法 | $\lambda_{1R}$ | $\lambda_{1I}$ | $\lambda_{3R}$ | $\lambda_{3I}$ | $\lambda_{5R}$ | $\lambda_{5I}$ | $\lambda_{7R}$ | $\lambda_{7I}$ |
|---|---|---|---|---|---|---|---|---|---|
| 190 | 本文方法 | −0.0945 | 0 | 0.9928 | 0 | 1.6963 | 0 | 3.0570 | 0 |
| | Ref.[243] | −0.0999 | 0 | 1.0018 | 0 | 1.6953 | 0 | 3.0224 | 0 |
| 210 | 本文方法 | −0.2484 | 0 | 1.1181 | 0.1274 | 2.8344 | 0.3592 | 4.5450 | 0.4859 |
| | Ref.[243] | −0.2480 | 0 | 1.1063 | 0.0961 | 2.8284 | 0.3471 | 4.5479 | 0.4589 |
| 230 | 本文方法 | −0.3505 | 0 | 0.9202 | 0.2411 | 2.4903 | 0.4139 | 4.0538 | 0.5211 |
| | Ref.[243] | −0.3477 | 0 | 0.9153 | 0.2369 | 2.4905 | 0.4106 | 4.0617 | 0.5073 |
| 250 | 本文方法 | −0.4207 | 0 | 0.7620 | 0.2579 | 2.2088 | 0.4101 | 3.6512 | 0.4999 |
| | Ref.[243] | −0.4137 | 0 | 0.7593 | 0.2540 | 2.2095 | 0.4075 | 3.6555 | 0.4955 |
| 270 | 本文方法 | −0.4579 | 0 | 0.6277 | 0.2307 | 1.9699 | 0.3718 | 3.3090 | 0.4486 |
| | Ref.[243] | −0.4555 | 0 | 0.6293 | 0.2313 | 1.9719 | 0.3740 | 3.3107 | 0.4557 |
| 290 | 本文方法 | −0.4803 | 0 | 0.5189 | 0.1783 | 1.7694 | 0.3161 | 3.0190 | 0.3832 |
| | Ref.[243] | −0.4801 | 0 | 0.5196 | 0.1805 | 1.7686 | 0.3198 | 3.0146 | 0.3971 |
| 310 | 本文方法 | −0.4858 | 0 | 0.4287 | 0.0744 | 1.5963 | 0.2377 | 2.7659 | 0.2976 |
| | Ref.[243] | −0.4931 | 0 | 0.4262 | 0.0832 | 1.5930 | 0.2433 | 2.7578 | 0.3189 |
| 330 | 本文方法 | −0.5092 | 0 | 0.2123 | 0 | 0.4724 | 0 | 1.4362 | 0.1299 |
| | Ref.[243] | −0.4985 | 0 | 0.2029 | 0 | 0.4904 | 0 | 1.4405 | 0.1145 |

表 5-3　V 形切口 II 型对称问题奇性指数

| $\beta(°)$ | 方　法 | $\lambda_{2R}$ | $\lambda_{2I}$ | $\lambda_{4R}$ | $\lambda_{4I}$ | $\lambda_{6R}$ | $\lambda_{6I}$ | $\lambda_{8R}$ | $\lambda_{8I}$ |
|---|---|---|---|---|---|---|---|---|---|
| 190 | 本文方法 | 0.7979 | 0 | 2.0153 | 0 | 2.5632 | 0 | 4.1626 | 0 |
| | Ref.[243] | 0.7989 | 0 | 2.0078 | 0 | 2.5869 | 0 | 4.0590 | 0 |

（续表）

| $\beta(°)$ | 方　法 | $\lambda_{2R}$ | $\lambda_{2I}$ | $\lambda_{4R}$ | $\lambda_{4I}$ | $\lambda_{6R}$ | $\lambda_{6I}$ | $\lambda_{8R}$ | $\lambda_{8I}$ |
|---|---|---|---|---|---|---|---|---|---|
| 210 | 本文方法 | 0.4815 | 0 | 1.9740 | 0.2695 | 3.6865 | 0.4230 | 5.3930 | 0.5391 |
| | Ref.[243] | 0.4858 | 0 | 1.9679 | 0.2611 | 3.6883 | 0.4094 | 5.4073 | 0.5002 |
| 230 | 本文方法 | 0.2303 | 0 | 1.7064 | 0.3459 | 3.2714 | 0.4748 | 4.8328 | 0.5717 |
| | Ref.[243] | 0.2480 | 0 | 1.7037 | 0.3409 | 3.2764 | 0.4639 | 4.8468 | 0.5441 |
| 250 | 本文方法 | 0.0350 | 0 | 1.4855 | 0.3433 | 2.9302 | 0.4548 | 4.3734 | 0.5282 |
| | Ref.[243] | 0.0602 | 0 | 1.4852 | 0.3449 | 2.9328 | 0.4559 | 4.3779 | 0.5292 |
| 270 | 本文方法 | −0.0634 | 0 | 1.3023 | 0.3170 | 2.6417 | 0.4190 | 3.9815 | 0.4793 |
| | Ref.[243] | −0.0915 | 0 | 1.3014 | 0.3159 | 2.6416 | 0.4189 | 3.9796 | 0.4870 |
| 290 | 本文方法 | −0.2278 | 0 | 1.1428 | 0.2634 | 2.3921 | 0.3571 | 3.6436 | 0.4028 |
| | Ref.[243] | −0.2156 | 0 | 1.1447 | 0.2642 | 2.3918 | 0.3624 | 3.6372 | 0.4265 |
| 310 | 本文方法 | −0.3215 | 0 | 1.0100 | 0.1827 | 2.1783 | 0.2740 | 3.3510 | 0.3056 |
| | Ref.[243] | −0.3177 | 0 | 1.0100 | 0.1861 | 2.1755 | 0.2853 | 3.3399 | 0.3472 |
| 330 | 本文方法 | −0.4028 | 0 | 0.8523 | 0 | 0.9384 | 0 | 1.9930 | 0.1692 |
| | Ref.[243] | −0.4018 | 0 | 0.8392 | 0 | 0.9484 | 0 | 1.9871 | 0.1672 |

从表 5-2 和表 5-3 可以看出，本章方法能同时计算出多个应力奇性指数，并且都具有很高的精度。

由图 5-6 可知，随着切口内张角 $\beta$ 的进一步增大，切口两径向边界 $\Gamma_1$ 和 $\Gamma_2$ 非常靠近，边界元法由于几乎奇异积分的影响而逐渐失效，用本章方法计算的切口应力奇性指数的误差也逐渐增大。特别地，内张角 $\beta=360°$ 时切口退化为裂纹，切口两径向边界重合在一起，这需要用多域边界元法来解决。

# 5.6　小　结

本章首次提出用边界元法计算 V 形切口的应力奇性指数的新技术。文章基于线弹性力学理论，将 V 形切口尖端附近的位移场和应力场按级数渐近展开，从而切口边界上的位移和面力分量可以表达成与奇性指数有关的级数形式,将其代入常规边界积分方程中并采用一定的变换技巧,离散后得到关于切口应力奇性指数的特征方程,解之可以求出切口尖端的应力奇性指数。本章详细推导了在切口的不同边界上,边界积分的具体形式,研究了切口边界元法中奇异积分的处理办法。

传统数值方法一般先通过求得切口尖端近似应力场或位移场,再通过数值外插法逐个求得应力奇性指数,而本章方法可以同时直接求得多个应力奇性指数,且具有很高的精度。仅当切口内张角很大时,由于边界积分方程产生几乎奇异积分,本章方法的计算精度受到影响。但这一问题可以通过将切口沿其角平分线分成两个子域,运用多域边界元法来解决。

# 第6章 平面 V 形切口应力强度因子的一种边界元分析方法

## 6.1 引 言

复杂的工程结构一般都是由简单的构件构成,如梁、管、板组成的连接件。连接件的几何形状或材料突变会形成 V 形切口。在切口尖端附近应力分布急剧变化,尖端处应力呈现无穷大的特性,称为应力奇异性。由于切口尖端应力非常大,会导致裂纹的萌生或扩展,直至结构的破坏。因而获取切口尖端附近准确的奇异应力场和位移场,寻找 V 形切口的应力强度因子是弹性断裂力学的一个重要课题。但只在少数情况下可以获得问题的解析解,更多地则是依靠数值计算方法。

常规的有限元法和边界元法分析 V 形切口时,在切口尖端附近布置细密单元来模拟 V 形切口的奇异应力场,然后通过外推法获取应力强度因子(Xu Jinquan 等,1999[244])。这类途径计算量大且尖端处应力场的计算精度不高,因为细分单元不能真实反映切口尖端的应力奇异性。在含裂纹结构中,人们对裂纹尖端处提出了"四分之一"奇异单元,使得有限元法(Henshel RD 等,1976[245];Barsoum RS,1976[246])和边界元法(Blandford GE,1981[247])用较少单元可以很好地模拟尖端处应力场。但"四分之一"奇异元对 V 形切口不适用,因为切口处存在多重应力奇性。一般的数值方法中,人们试图在切口尖端处构造一个奇异元模拟奇异应力场,据作者所知,至今未见成功。

最近,对于 V 形切口和线裂纹,Seweryn(2002)[155] 使用渐近展开级数的前 2 至 3 个主项,将其作为切口尖端附近区域应力场的解析逼近函数,外围区域用传统有限元模拟,可计算出 2 至 3 个应力奇性指数和应力强度因子,这是一种独特的有限元处理切口技术。但这种方法需要知道解析的应力特征函数,而 3 项应力特征函数仅仅在各向同性均质材料的裂纹中可获得(Williams ML,1957[156])。因此一些学者提出用近似的应力函数替代,根据这一思想,Carpinteri 等(2006)[157]用有限元法计算了对称裂纹和缺口的双材料层合梁的第一主奇性指数和 Ⅰ 型应力强度因子。

　　本章针对均质材料中的平面 V 形切口,提出了一种新的边界元分析方法。将含 V 形切口结构分成围绕切口尖端的小扇形和剩余结构两部分。首先将尖端处小扇形域内的应力场表示成关于尖端距离 ρ 的渐近级数展开式,从线弹性理论方程推导出了一组分析平面 V 形切口尖端奇异性的常微分方程特征值问题,通过求解特征方程,得到 V 形切口的前若干个奇性指数和相应的特征角函数。再将切口尖端的位移和应力表示为有限个奇性阶和特征角函数的线性组合,其组合系数相当于每个级数项的位移 / 应力幅值。然后,采用边界元法分析挖去小扇形后的剩余结构,建立其边界积分方程。最后,将位移和应力线性组合与边界积分方程联立,求解获得切口根部区域的应力场、应力幅值系数和整体结构的位移和应力场,通过应力幅值系数求得 V 形切口的广义应力强度因子。

## 6.2　线弹性平面 V 形切口奇性特征分析

　　考虑一含有 V 形切口的弹性体平面问题,其区域为 $\Omega$,以切口尖端 $O$ 作为极点,定义一个极坐标系 $\rho\theta$,见图 6 - 1。切口的张角为 $\alpha = 2\pi - \theta_1 - \theta_2$,$\theta$ 从 $x_1$ 坐标轴起逆时针为正,顺时针为负。

　　在切口根部附近,以尖端 $O$ 为圆心挖去一半径为 $\rho$ 的扇形域 $\Omega_\rho$,余下结构区域为 $\Omega'$,如图 6 - 2a 所示。扇形圆弧边界记为 $\Gamma_\rho$,缺口处两径向边界分别记为 $\Gamma_1$ 和 $\Gamma_2$,见图 6 - 2b,则有 $\Omega = \Omega' \bigcup$

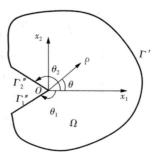

图 6 - 1　含 V 形切口平面问题

$\Omega_\rho$ , $\Gamma_i^* = \Gamma_i \bigcup \Gamma'_i$ , $(i=1,2)$ 。

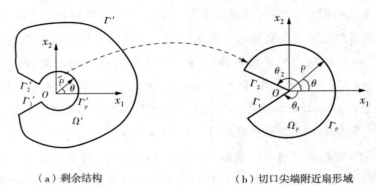

（a）剩余结构　　　　　　　　（b）切口尖端附近扇形域

图 6-2　切口尖端挖去扇形区域

根据线弹性理论,图 6-2b 所示切口尖端附近区域 $\Omega_\rho$ 的位移场可以表达成关于径向距离 $\rho$ 的一系列级数渐近展开(Yosibash Z 等,1996[240]),见式(6-10),其中第 $k$ 项展开式为:

$$\begin{cases} u_{\rho k}(\rho,\theta) = A_k \rho^{\lambda_k+1} \tilde{u}_{\rho k}(\theta) \\ u_{\theta k}(\rho,\theta) = A_k \rho^{\lambda_k+1} \tilde{u}_{\theta k}(\theta) \end{cases} \tag{6-1}$$

式中 $\lambda_k$ 称为位移 / 应力奇性指数, $\tilde{u}_{\rho k}(\theta)$ 和 $\tilde{u}_{\theta k}(\theta)$ 是相应的沿 $\rho$ 和 $\theta$ 方向位移特征角函数, $A_k$ 为相应的位移幅值系数。考虑各向同性均质线弹性材料,将式(6-1)引入到几何方程,再代入弹性力学平面应力问题应力应变关系,得到如下的应力表达式:

$$\begin{cases} \sigma_{\rho k}(\rho,\theta) = A_k \dfrac{E}{1-\upsilon^2} \rho^{\lambda_k} \left[ (1+\upsilon+\lambda_k)\tilde{u}_{\rho k} + \upsilon\tilde{u}'_{\theta k} \right] \\[2mm] \sigma_{\theta k}(\rho,\theta) = A_k \dfrac{E}{1-\upsilon^2} \rho^{\lambda_k} \left[ (1+\upsilon+\upsilon\lambda_k)\tilde{u}_{\rho k} + \tilde{u}'_{\theta k} \right] \\[2mm] \sigma_{\rho\theta k}(\rho,\theta) = A_k \dfrac{E}{2(1+\upsilon)} \rho^{\lambda_k} (\lambda_k\tilde{u}_{\theta k} + \tilde{u}'_{\rho k}) \end{cases} \tag{6-2}$$

式中 $(\cdots)' = \mathrm{d}(\cdots)/\mathrm{d}\theta$ , $E$ 是杨氏弹性模量, $\upsilon$ 是泊松比。上式中令:

$$\begin{cases} \tilde{\sigma}_{\rho k}(\theta) = \dfrac{E}{1-\upsilon^2} \left[ (1+\upsilon+\lambda_k)\tilde{u}_{\rho k} + \upsilon\tilde{u}'_{\theta k} \right] \\[2mm] \tilde{\sigma}_{\theta k}(\theta) = \dfrac{E}{1-\upsilon^2} \left[ (1+\upsilon+\upsilon\lambda_k)\tilde{u}_{\rho k} + \tilde{u}'_{\theta k} \right] \\[2mm] \tilde{\sigma}_{\rho\theta k}(\theta) = \dfrac{E}{2(1+\upsilon)} (\lambda_k\tilde{u}_{\theta k} + \tilde{u}'_{\rho k}) \end{cases} \tag{6-3}$$

式(6-3)称为应力特征角函数。忽略体积力,将式(6-2)代入下面的平衡
方程

$$
\begin{cases}
\dfrac{\partial \sigma_\rho}{\partial \rho} + \dfrac{1}{\rho}\dfrac{\partial \sigma_{\rho\theta}}{\partial \theta} + \dfrac{\sigma_\rho - \sigma_\theta}{\rho} = 0 \\[3mm]
\dfrac{1}{\rho}\dfrac{\partial \sigma_\theta}{\partial \theta} + \dfrac{\partial \sigma_{\rho\theta}}{\partial \rho} + \dfrac{2\sigma_{\rho\theta}}{\rho} = 0
\end{cases}
\tag{6-4}
$$

得到如下的常微分方程组:

$$
\begin{cases}
\tilde{u}''_{\rho k} + \left(\dfrac{1+\upsilon}{1-\upsilon}\lambda_k - 2\right)\tilde{u}'_{\theta k} + \dfrac{2}{1-\upsilon}\lambda_k(\lambda_k+2)\tilde{u}_{\rho k} = 0 \\[3mm]
\tilde{u}''_{\theta k} + \left[2 + \dfrac{1}{2}(1+\upsilon)\lambda_k\right]\tilde{u}'_{\rho k} + \dfrac{1}{2}(1-\upsilon)\lambda_k(\lambda_k+2)\tilde{u}_{\theta k} = 0
\end{cases}
\quad \theta \in (\theta_1,\theta_2)
\tag{6-5}
$$

考虑到方程组(6-5)中有 $\lambda_k^2$ 项,为非线性特征值方程,引入下面两个新变
量:

$$
\begin{cases}
g_{\rho k}(\theta) = \lambda_k \tilde{u}_{\rho k}(\theta) \\[2mm]
g_{\theta k}(\theta) = \lambda_k \tilde{u}_{\theta k}(\theta)
\end{cases}
\quad \theta \in (\theta_1,\theta_2)
\tag{6-6}
$$

将方程组(6-5)变成线性特征值问题:

$$
\begin{cases}
\tilde{u}''_{\rho k} + \left(\dfrac{1+\upsilon}{1-\upsilon}\lambda_k - 2\right)\tilde{u}'_{\theta k} + \dfrac{2}{1-\upsilon}(\lambda_k+2)g_{\rho k} = 0 \\[3mm]
\tilde{u}''_{\theta k} + \left[2 + \dfrac{1}{2}(1+\upsilon)\lambda_k\right]\tilde{u}'_{\rho k} + \dfrac{1}{2}(1-\upsilon)(\lambda_k+2)g_{\theta k} = 0
\end{cases}
\quad \theta \in (\theta_1,\theta_2)
\tag{6-7}
$$

假设切口边界 $\Gamma_1$ 和 $\Gamma_2$ 为自由边界,其上面力为 0,则有如下的边界条
件:

$$
\begin{Bmatrix} \sigma_\theta \\ \sigma_{\rho\theta} \end{Bmatrix}_{\theta=\theta_1} = \begin{Bmatrix} \sigma_\theta \\ \sigma_{\rho\theta} \end{Bmatrix}_{\theta=\theta_2} = \begin{Bmatrix} 0 \\ 0 \end{Bmatrix}
\tag{6-8}
$$

将式(6-2)代入式(6-8),得到用 $\tilde{u}_{\rho k}(\theta)$ 和 $\tilde{u}_{\theta k}(\theta)$ 及其导数表示的边界条件:

$$
\begin{cases}
\tilde{u}'_{\theta k} + (1+\upsilon+\upsilon\lambda_k)\tilde{u}_{\rho k} = 0 \\[2mm]
\tilde{u}'_{\rho k} + \lambda_k \tilde{u}_{\theta k} = 0
\end{cases}
\quad \theta = \theta_1 \text{ and} \theta_2
\tag{6-9}
$$

因此,各向同性弹性材料 V 形切口尖端附近的应力奇性指数 $\lambda_k$ 的计算变成解常微分方程组特征值问题(6-6,6-7)和相应的边界条件(6-9)。该类方程的解也包含相应的特征角函数 $\tilde{u}_{\rho k}(\theta)$ 和 $\tilde{u}_{\theta k}(\theta)$。

牛忠荣(1993)[248]建立的插值矩阵法是一个数值求解常微分方程组边值问题的方法。该法在求解区间(如 $\theta \in \left[\theta_1, \theta_2\right]$)划分 $n+1$ 个节点,构成 $n$ 个子区间,将待求函数在子区间上使用低阶多项式函数插值逼近,如分段抛物线插值。以常微分方程中出现的最高阶导数在离散节点上的值作为离散系统的未知参数,形成代数方程(或特征方程)获得各阶导数值(或特征值)的解。插值矩阵法解法的一个优点是在常微分方程组里出现的所有函数及其各阶导数的计算值具有同阶精度。在利用位移的一阶导数计算应力场时,这是一个显著优点。

本章拟采用插值矩阵法求解式(6-6,6-7)和式(6-9),得出有限个特征值 $\lambda_k$ 以及相应的特征角函数 $\tilde{u}_{\rho k}(\theta)$,$\tilde{u}_{\theta k}(\theta)$ 及其导函数,进一步代入式(6-3)从而计算出相应的应力特征角函数 $\tilde{\sigma}_{\rho k}(\theta)$,$\tilde{\sigma}_{\theta k}(\theta)$ 和 $\tilde{\sigma}_{\rho \theta k}(\theta)$。一般情况下,当切口张角 $\alpha < 180°$,上述特征解有一个或若干个 $\lambda_k \in (-1, 0)$,此 $\lambda_k$ 反映了切口尖端的应力奇异阶(stress singularity orders),也称为应力奇性指数。

# 6.3　切口尖端应力强度因子的计算

### 6.3.1　切口尖端附近位移场和应力场

图 6-2b 中 V 形切口尖端 $O$ 点附近位移渐近场可以通过如下的级数表示出来(Yosibash Z 等,1996[240]):

$$
\begin{cases}
u_\rho(\rho, \theta) = \displaystyle\sum_{k=1}^{N} A_k \rho^{\lambda_k+1} \tilde{u}_{\rho k}(\theta) \\[4mm]
u_\theta(\rho, \theta) = \displaystyle\sum_{k=1}^{N} A_k \rho^{\lambda_k+1} \tilde{u}_{\theta k}(\theta)
\end{cases}
\tag{6-10}
$$

其中,$N$ 为截取的级数项数,$A_k(k=1,2,\cdots,N)$ 是每项贡献的组合系数,量

纲为 $L^{-\lambda_k}$（$L$ 表示长度），视为各项位移特征函数的幅值，对应于 $\lambda_k \in (-1,0)$ 的 $A_k$ 相当于 V 形切口的广义应力强度因子。如果项数 $N$ 越多，则式（6-10）表达的围绕尖端位移场的有效主控范围越大。一般情形时，特征值 $\lambda_k$ 以及 $A_k$、$\tilde{u}_{\rho k}(\theta)$ 和 $\tilde{u}_{\theta k}(\theta)$（$k=1,\cdots,N$）是复数，即：

$$
\begin{cases}
\lambda_k = \lambda_{kR} \pm i\lambda_{kI} \\[2mm]
A_k = A_{kR} \pm iA_{kI} \\[2mm]
\tilde{u}_{\rho k}(\theta) = \tilde{u}_{\rho kR}(\theta) \pm i\tilde{u}_{\rho kI}(\theta) \\[2mm]
\tilde{u}_{\theta k}(\theta) = \tilde{u}_{\theta kR}(\theta) \pm i\tilde{u}_{\theta kI}(\theta)
\end{cases}
\tag{6-11}
$$

其中 $i=\sqrt{-1}$，下标"R"和"I"分别表示复数的实部和虚部。因此，式（6-11）代入式（6-10）中，取其实部，$u_\rho(\rho,\theta)$ 和 $u_\theta(\rho,\theta)$ 可以写成具体的表达式：

$$
\begin{Bmatrix} u_\rho(\rho,\theta) \\ u_\theta(\rho,\theta) \end{Bmatrix} = \sum_{k=1}^{N} \rho^{\lambda_{kR}+1} \left\{ A_{kR} \left[ \begin{Bmatrix} \tilde{u}_{\rho kR}(\theta) \\ \tilde{u}_{\theta kR}(\theta) \end{Bmatrix} \cos(\lambda_{kI}\ln\rho) - \begin{Bmatrix} \tilde{u}_{\rho kI}(\theta) \\ \tilde{u}_{\theta kI}(\theta) \end{Bmatrix} \sin(\lambda_{kI}\ln\rho) \right] \right.
$$

$$
\left. - A_{kI} \left[ \begin{Bmatrix} \tilde{u}_{\rho kR}(\theta) \\ \tilde{u}_{\theta kR}(\theta) \end{Bmatrix} \sin(\lambda_{kI}\ln\rho) + \begin{Bmatrix} \tilde{u}_{\rho kI}(\theta) \\ \tilde{u}_{\theta kI}(\theta) \end{Bmatrix} \cos(\lambda_{kI}\ln\rho) \right] \right\}
\tag{6-12}
$$

将式（6-3）代入到式（6-2），并仿照式（6-10），图 6-2b 中尖端 $O$ 点附近渐近应力场也可写为如下的级数表达式：

$$
\begin{cases}
\sigma_\rho(\rho,\theta) = \sum_{k=1}^{N} A_k \rho^{\lambda_k} \tilde{\sigma}_{\rho k}(\theta) \\[4mm]
\sigma_\theta(\rho,\theta) = \sum_{k=1}^{N} A_k \rho^{\lambda_k} \tilde{\sigma}_{\theta k}(\theta) \\[4mm]
\sigma_{\rho\theta}(\rho,\theta) = \sum_{k=1}^{N} A_k \rho^{\lambda_k} \tilde{\sigma}_{\rho\theta k}(\theta)
\end{cases}
\tag{6-13}
$$

将式（6-11）代入式（6-3）中，有：

$$\begin{cases}
\tilde{\sigma}_{\rho k}(\theta) = \tilde{\sigma}_{\rho k R}(\theta) + i\tilde{\sigma}_{\rho k I}(\theta) = \dfrac{E}{1-\upsilon^2}\{[(1+\upsilon)\tilde{u}_{\rho k R} + \lambda_{kR}\tilde{u}_{\theta k R} - \lambda_{kI}\tilde{u}_{\theta k I} + \upsilon\tilde{u}'_{\theta k R}] \\
\quad + i[(1+\upsilon)\tilde{u}_{\rho k I} + \lambda_{kI}\tilde{u}_{\theta k R} + \lambda_{kR}\tilde{u}_{\theta k I} + \upsilon\tilde{u}'_{\theta k I}]\} \\
\tilde{\sigma}_{\theta k}(\theta) = \tilde{\sigma}_{\theta k R}(\theta) + i\tilde{\sigma}_{\theta k I}(\theta) = \dfrac{E}{1-\upsilon^2}\{[(1+\upsilon)\tilde{u}_{\theta k R} + \upsilon\lambda_{kR}\tilde{u}_{\theta k R} - \upsilon\lambda_{kI}\tilde{u}_{\theta k I} + \tilde{u}'_{\theta k R}] \\
\quad + i[(1+\upsilon)\tilde{u}_{\theta k I} + \upsilon\lambda_{kR}\tilde{u}_{\theta k I} + \upsilon\lambda_{kI}\tilde{u}_{\theta k R} + \tilde{u}'_{\theta k I}]\} \\
\tilde{\sigma}_{\rho\theta k}(\theta) = \tilde{\sigma}_{\rho\theta k R}(\theta) + i\tilde{\sigma}_{\rho\theta k I}(\theta) = \dfrac{E}{2(1+\upsilon)}[(\lambda_{kR}\tilde{u}_{\theta k R} - \lambda_{kI}\tilde{u}_{\theta k I} + \tilde{u}'_{\rho k R}) \\
\quad + i(\lambda_{kR}\tilde{u}_{\theta k R} + \lambda_{kR}\tilde{u}_{\theta k I} + \tilde{u}'_{\rho k I})]
\end{cases} \tag{6-14}$$

将式(6-11)和式(6-14)代入式(6-13),并取其实部,得到切口尖端附近的应力场为:

$$\begin{Bmatrix} \sigma_\rho(\rho,\theta) \\ \sigma_\theta(\rho,\theta) \\ \sigma_{\rho\theta}(\rho,\theta) \end{Bmatrix} = \sum_{k=1}^{N}\rho^{\lambda_{kR}}\left\{ A_{kR}\left[ \begin{Bmatrix} \tilde{\sigma}_{\rho k R}(\theta) \\ \tilde{\sigma}_{\theta k R}(\theta) \\ \tilde{\sigma}_{\rho\theta k R}(\theta) \end{Bmatrix}\cos(\lambda_{kI}\ln\rho) - \begin{Bmatrix} \tilde{\sigma}_{\rho k I}(\theta) \\ \tilde{\sigma}_{\theta k I}(\theta) \\ \tilde{\sigma}_{\rho\theta k I}(\theta) \end{Bmatrix}\sin(\lambda_{kI}\ln\rho) \right] \right.$$

$$\left. - A_{kI}\left[ \begin{Bmatrix} \tilde{\sigma}_{\rho k R}(\theta) \\ \tilde{\sigma}_{\theta k R}(\theta) \\ \tilde{\sigma}_{\rho\theta k R}(\theta) \end{Bmatrix}\sin(\lambda_{kI}\ln\rho) + \begin{Bmatrix} \tilde{\sigma}_{\rho k I}(\theta) \\ \tilde{\sigma}_{\theta k I}(\theta) \\ \tilde{\sigma}_{\rho\theta k I}(\theta) \end{Bmatrix}\cos(\lambda_{kI}\ln\rho) \right] \right\} \tag{6-15}$$

为便于系统方程的装配,将极坐标系下的位移、应力变换到直角坐标系下。在图 6-2b 中,边界 $\Gamma_\rho$ 上,设直角坐标系下的位移和面力分别记为 $\bar{u}_i$、$\bar{t}_i(i=1,2)$,极坐标系下的位移和面力分别记为 $u_i$、$t_i(i=\rho,\theta)$,极坐标系下的径向和切向应力分别记为 $\sigma_\rho$ 和 $\sigma_{\rho\theta}$。直角坐标系下的位移、面力与极坐标系下位移、面力的关系分别为:

$$\begin{Bmatrix} \bar{u}_1 \\ \bar{u}_2 \end{Bmatrix} = \begin{bmatrix} \cos\theta & -\sin\theta \\ \sin\theta & \cos\theta \end{bmatrix} \begin{Bmatrix} u_\rho \\ u_\theta \end{Bmatrix} \tag{6-16}$$

$$\begin{Bmatrix} \bar{t}_1 \\ \bar{t}_2 \end{Bmatrix} = \begin{bmatrix} \cos\theta & -\sin\theta \\ \sin\theta & \cos\theta \end{bmatrix} \begin{Bmatrix} t_\rho \\ t_\theta \end{Bmatrix} = \begin{bmatrix} \cos\theta & -\sin\theta \\ \sin\theta & \cos\theta \end{bmatrix} \begin{Bmatrix} \sigma_\rho \\ \sigma_{\rho\theta} \end{Bmatrix} \tag{6-17}$$

比较图 6 - 2a 和 6 - 2b 可以知道,在边界 $\Gamma_\rho$ 和 $\Gamma'_\rho$ 上,位移连续、面力相等。若以 $u_i$、$t_i(i=1,2)$ 表示 $\Gamma'_\rho$ 上直角坐标系下的位移和面力分量,则有:

$$u_i = \bar{u}_i, t_i = -\bar{t}_i \quad (\rho,\theta)\text{on } \Gamma'_\rho \tag{6-18}$$

将式(6-12)和式(6-15)分别代入式(6-16～6-18),可以得到边界 $\Gamma'_\rho$ 上位移和面力在直角坐标系下的表达式:

$$\left\{\begin{matrix}u_1\\u_2\end{matrix}\right\} = \sum_{k=1}^{N}\rho^{\lambda_{kR}+1}\left\{A_{kR}\left[\left\{\begin{matrix}\tilde{u}_{\rho kR}(\theta)\cos\theta - \tilde{u}_{\theta kR}(\theta)\sin\theta\\\tilde{u}_{\rho kR}(\theta)\sin\theta + \tilde{u}_{\theta kR}(\theta)\cos\theta\end{matrix}\right\}\cos(\lambda_{kI}\ln\rho)\right.\right.$$

$$-\left\{\begin{matrix}\tilde{u}_{\rho kI}(\theta)\cos\theta - \tilde{u}_{\theta kI}(\theta)\sin\theta\\\tilde{u}_{\rho kI}(\theta)\sin\theta + \tilde{u}_{\theta kI}(\theta)\cos\theta\end{matrix}\right\}\sin(\lambda_{kI}\ln\rho)\right]$$

$$-A_{kI}\left[\left\{\begin{matrix}\tilde{u}_{\rho kR}(\theta)\cos\theta - \tilde{u}_{\theta kR}(\theta)\sin\theta\\\tilde{u}_{\rho kR}(\theta)\sin\theta + \tilde{u}_{\theta kR}(\theta)\cos\theta\end{matrix}\right\}\sin(\lambda_{kI}\ln\rho)\right.$$

$$\left.\left.+\left\{\begin{matrix}\tilde{u}_{\rho kI}(\theta)\cos\theta - \tilde{u}_{\theta kI}(\theta)\sin\theta\\\tilde{u}_{\rho kI}(\theta)\sin\theta + \tilde{u}_{\theta kI}(\theta)\cos\theta\end{matrix}\right\}\cos(\lambda_{kI}\ln\rho)\right]\right\} \tag{6-19}$$

$$\left\{\begin{matrix}t_1\\t_2\end{matrix}\right\} = \sum_{k=1}^{N}\rho^{\lambda_{kR}}\left\{-A_{kR}\left[\left\{\begin{matrix}\tilde{\sigma}_{\rho kR}(\theta)\cos\theta - \tilde{\sigma}_{\rho\theta kR}(\theta)\sin\theta\\\tilde{\sigma}_{\rho kR}(\theta)\sin\theta + \tilde{\sigma}_{\rho\theta kR}(\theta)\cos\theta\end{matrix}\right\}\cos(\lambda_{kI}\ln\rho)\right.\right.$$

$$+\left\{\begin{matrix}\tilde{\sigma}_{\rho kI}(\theta)\cos\theta - \tilde{\sigma}_{\rho\theta kI}(\theta)\sin\theta\\\tilde{\sigma}_{\rho kI}(\theta)\sin\theta + \tilde{\sigma}_{\rho\theta kI}(\theta)\cos\theta\end{matrix}\right\}\sin(\lambda_{kI}\ln\rho)\right]$$

$$+A_{kI}\left[\left\{\begin{matrix}\tilde{\sigma}_{\rho kR}(\theta)\cos\theta - \tilde{\sigma}_{\rho\theta kR}(\theta)\sin\theta\\\tilde{\sigma}_{\rho kR}(\theta)\sin\theta + \tilde{\sigma}_{\rho\theta kR}(\theta)\cos\theta\end{matrix}\right\}\sin(\lambda_{kI}\ln\rho)\right.$$

$$\left.\left.-\left\{\begin{matrix}\tilde{\sigma}_{\rho kI}(\theta)\cos\theta - \tilde{\sigma}_{\rho\theta kI}(\theta)\sin\theta\\\tilde{\sigma}_{\rho kI}(\theta)\sin\theta + \tilde{\sigma}_{\rho\theta kI}(\theta)\cos\theta\end{matrix}\right\}\cos(\lambda_{kI}\ln\rho)\right]\right\} \tag{6-20}$$

至此,获得了图 6 - 2a 中弧线边界 $\Gamma'_\rho$ 上各点位移和面力的表达式。

### 6.3.2　边界元法计算应力强度因子

边界元法计算切口尖端应力强度因子的步骤是,将 V 形切口结构分成 $\Omega'$ 和 $\Omega_\rho$ 两部分,如图 6-2a 和 6-2b 所示。首先对围绕切口尖端的小扇形区域 $\Omega_\rho$,按 6.2 节所述,进行其应力奇异场的特征分析,采用插值矩阵法求解获得应力奇异指数 $\lambda_k$ 和相应的特征角函数。

然后处理剔除扇形域 $\Omega_\rho$ 的结构域 $\Omega'$,见图 6-2a,其上没有应力奇异性,采用边界元分析,沿其边界 $\Gamma' + \Gamma'_2 + \Gamma'_\rho + \Gamma'_1$ 划分单元离散,注意在 $\Gamma'_\rho$ 上的离散点需与插值矩阵法求解切口应力奇性指数时在 $\Gamma_\rho$ 上的 $n+1$ 个分段点重合,$n$ 为插值矩阵法在 $\Gamma_\rho$ 上的分段数。$\Gamma' + \Gamma'_1 + \Gamma'_2$ 是通常的外边界,其上布置 $M$ 个结点,在每个结点列两个常规的边界积分方程式(4-6)。$\Gamma'_\rho$ 是去除 $\Omega_\rho$ 后的内边界,$\Gamma'_\rho$ 上的位移和面力由式(6-19)和式(6-20)提供,若截取前 $N$ 个实部最小的特征值 $\lambda_k(k=1,\cdots,N)$ 和相应的特征角函数,则在方程(6-19)和(6-20)中有 $2N$ 个未知量 $A_{kR}$、$A_{kI}(k=1,\cdots,N)$,因此需要在 $\Gamma'_\rho$ 上的 $n+1$ 个离散点中选择 $N$ 个结点作为源点,分别列边界积分方程式(4-6),从而补充了 $2N$ 个代数方程,显然 $n+1$ 要大于 $N$。将各结点离散的边界积分方程装配成总体代数方程为:

$$HU = GT \qquad\qquad (6-21)$$

$U$ 是边界结点位移列向量,$T$ 是结点面力列向量。$H$ 和 $G$ 分别是式(4-6)中积分的系数矩阵。在 $\Gamma'_\rho$ 上将式(6-19,20)代入方程(6-21)中,并引入 $\Gamma' + \Gamma'_1 + \Gamma'_2$ 上边界条件,则系统未知量总数为 $2M+2N$ 个,且和方程数正好相等,联立解得边界 $\Gamma' + \Gamma'_1 + \Gamma'_2$ 上各结点未知位移和面力分量以及系数 $A_{kR}$ 和 $A_{kI}(k=1,\cdots,N)$。

将 $A_{kR}$ 和 $A_{kI}$ 代入到式(6-12)和式(6-15)获得 V 形切口根部附近完整的位移场和奇异应力场,包括边界 $\Gamma'_\rho$ 上各点的位移和面力。对于区域 $\Omega'$ 内部各点的位移和应力由内点边界积分方程式(4-3)易于求得。依据应力场的解式(6-15),可以利用应力幅值系数 $A_{kR}$,$A_{kI}(k=1,\cdots,N)$ 和应力特征角函数计算 V 形切口的广义应力强度因子 $K_I$ 和 $K_{II}$。$K_I$ 和 $K_{II}$ 定义如下:

若 $\lambda_1$ 和 $\lambda_2$ 为实根,则

$$K_{\mathrm{I}} = \lim_{\rho \to 0} \sqrt{2\pi}\, \rho^{-\lambda_1} \sigma_\theta(\rho,\theta)\bigg|_{\theta=0} = \sqrt{2\pi}\, A_1 \tilde{\sigma}_{\theta 1}(0) \qquad (6-22\text{a})$$

$$K_{\mathrm{II}} = \lim_{\rho \to 0} \sqrt{2\pi}\, \rho^{-\lambda_2} \sigma_{\theta\theta}(\rho,\theta)\bigg|_{\theta=0} = \sqrt{2\pi}\, A_2 \tilde{\sigma}_{\theta\theta 2}(0) \qquad (6-22\text{b})$$

若 $\lambda_1$ 为复数根,则:

$$K_{\mathrm{I}} + iK_{\mathrm{II}} = \lim_{\rho \to 0} \sqrt{2\pi}\, \rho^{-\lambda_{1\mathrm{R}} - i\lambda_{1\mathrm{I}}} \left[\sigma_\theta(\rho,\theta) + i\sigma_{\theta\theta}(\rho,\theta)\right]\bigg|_{\theta=0}$$

$$= \sqrt{2\pi}(A_{1\mathrm{R}} + iA_{1\mathrm{I}})\left[\tilde{\sigma}_{\theta 1\mathrm{R}}(0) - \tilde{\sigma}_{\theta\theta 1\mathrm{I}}(0) + i(\tilde{\sigma}_{\theta\theta 1\mathrm{I}}(0) + \tilde{\sigma}_{\theta\theta 1\mathrm{R}}(0))\right] \qquad (6-23)$$

$$= \sqrt{2\pi}\left[A_{1\mathrm{R}}(\tilde{\sigma}_{\theta 1\mathrm{R}}(0) - \tilde{\sigma}_{\theta\theta 1\mathrm{I}}(0)) - A_{1I}(\tilde{\sigma}_{\theta\theta 1\mathrm{I}}(0) + \tilde{\sigma}_{\theta\theta 1\mathrm{R}}(0))\right]$$

$$+ i\sqrt{2\pi}\left[A_{1\mathrm{R}}(\tilde{\sigma}_{\theta\theta 1\mathrm{I}}(0) + \tilde{\sigma}_{\theta\theta 1\mathrm{R}}(0)) + A_{1\mathrm{I}}(\tilde{\sigma}_{\theta 1\mathrm{R}}(0) - \tilde{\sigma}_{\theta\theta 1\mathrm{I}}(0))\right]$$

# 6.4　数值算例

### 例 6.1　含对称 V 形切口试件受单向拉伸

试件长 $h = 200\mathrm{mm}$,宽 $w = 40\mathrm{mm}$,切口开角为 $\gamma$,切口深度为 $l$,拉伸应力 $\sigma = 1\mathrm{MPa}$,见图 6-3a。试件的弹性模量 $E = 3.9 \times 10^9 \mathrm{Pa}$,泊松比 $\upsilon = 0.25$,按平面应力问题处理。

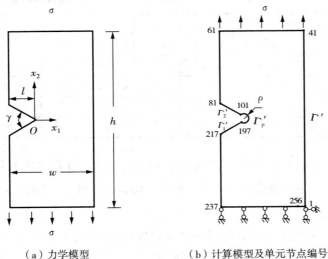

（a）力学模型　　　　　　（b）计算模型及单元节点编号

图 6-3　含对称切口试件单向拉伸

本章采用插值矩阵法程序（IMMEI）计算切口尖端的特征指数（应力奇异性指数）和特征角函数，扇形圆弧边 $\Gamma'_\rho$ 划分成 $n$ 份等间隔的子区间。应力奇异性指数 $\lambda_k$ 通常是复数，且可表达成 $\lambda_k = \lambda_{kR} \pm i\lambda_{kI}$。当切口张角 $\gamma = 60°$ 时，前 13 个应力奇异性指数（其中共轭复根未列入）计算值见表 6-1 和表 6-2，分别对应对称和反对称位移特征角函数 $\widetilde{u}_\rho(\theta)$。另有两个重特征值 $\lambda_k = -1$，表达扇形域的部分刚体位移。傅向荣和龙驭球（2003）[90] 用分区加速 Müller 法逐个计算出 V 形切口各阶次的特征值。Seweryn（2002）[155] 用有限元法得到了应力奇性指数的结果，该文利用已知的三个解析应力特征函数做插值，根据对称条件，取切口的半结构离散成 152 个六节点三角形单元。

表 6-1　对应于对称特征角函数 $\widetilde{u}_\rho(\theta)$ 的应力奇性指数 $\lambda_k$

| methods | $\lambda_{1R}$ | $\lambda_{1I}$ | $\lambda_{2R}$ | $\lambda_{2I}$ | $\lambda_{3R}$ | $\lambda_{3I}$ | $\lambda_{4R}$ | $\lambda_{4I}$ |
|---|---|---|---|---|---|---|---|---|
| Ref. [90] | −0.487779 | 0 | 0.471028 | 0.141853 | 1.677615 | 0.284901 | 2.881487 | 0.360496 |
| Ref. [155] | −0.4878 | 0 | 0.4710 | 0.1418 | 1.6776 | 0.2849 | / | / |
| IMMEI, $n = 20$ | −0.487717 | 0 | 0.471813 | 0.143640 | 1.684805 | 0.296623 | 2.924016 | 0.408020 |
| IMMEI, $n = 40$ | −0.487775 | 0 | 0.471073 | 0.141991 | 1.678017 | 0.285650 | 2.883292 | 0.363632 |
| IMMEI, $n = 80$ | −0.487778 | 0 | 0.471035 | 0.141869 | 1.677673 | 0.284994 | 2.881766 | 0.360853 |

表 6-2　对应于反对称特征角函数 $\widetilde{u}_\rho(\theta)$ 的应力奇性指数 $\lambda_k$

| methods | $\lambda_{1R}$ | $\lambda_{1I}$ | $\lambda_{2R}$ | $\lambda_{2I}$ | $\lambda_{3R}$ | $\lambda_{3I}$ | $\lambda_{4R}$ | $\lambda_{4I}$ |
|---|---|---|---|---|---|---|---|---|
| Ref. [90] | −0.269099 | 0 | 0 | 0 | 1.074826 | 0.229426 | 2.279767 | 0.326690 |
| Ref. [155] | −0.2691 | 0 | 0 | 0 | 1.0749 | 0.2294 | / | / |
| IMMEI, $n = 20$ | −0.268710 | 0 | 0 | 0 | 1.077382 | 0.234207 | 2.297998 | 0.351998 |
| IMMEI, $n = 40$ | −0.269070 | 0 | 0 | 0 | 1.075014 | 0.229741 | 2.280884 | 0.328306 |
| IMMEI, $n = 80$ | −0.269095 | 0 | 0 | 0 | 1.074848 | 0.229466 | 2.279900 | 0.326881 |

表 6-1 和表 6-2 可见，插值矩阵法得到的应力奇性指数值随分段数 $n$ 的增加与文 [90] 越来越逼近，$\gamma = 60°$ 的 V 形切口在 0 和 −1 之间存在两个负的应力奇性指数。

第二步，对挖去小扇形域后的结构做边界元离散，在 $\Gamma' + \Gamma'_1 + \Gamma'_2$ 边布置 160 个结点，80 个二次等单元，参见图 6-3b。在圆弧边 $\Gamma'_\rho$ 上取分段数 $n = 96$，其上的位移和面力由式（6-19）和式（6-20）描述。对图 6-3a 结构的

张角 $\gamma$,切口深度 $l$,小扇形半径 $\rho/l$ 和特征项数 $N$ 的多种参数变化情形分别计算了应力奇性指数、幅值系数 $A_k = A_{kR} + iA_{kl}$、边界面力和位移。其中当 $\gamma = 60°, l/w = 0.2, \rho/l = 0.1\%, N = 8$ 时,对应各阶特征指数的系数 $A_k = A_{kR} + iA_{kl}$ 计算值见表 6-3。将 $\lambda_k$,$A_k$ 和特征角函数 $\tilde{u}_{rk}(\theta)$,$\tilde{u}_{\theta k}(\theta)$,$\tilde{\sigma}_{rk}(\theta)$,$\tilde{\sigma}_{\theta k}(\theta)$,$\tilde{\sigma}_{r\theta k}(\theta)$ 代入式(6-12)和式(6-15),可得切口尖端附近的位移场和奇异应力场。整体结构的位移和应力场也同时获得。

表 6-3　$\gamma = 60°, l/w = 0.2, \rho/l = 0.1\%$ 时渐近展开式各项组合系数 $A_k$ 计算值

| $k$ | 1 | 2 | 3 | 4 | 5 | 6 | 7 | 8 |
|---|---|---|---|---|---|---|---|---|
| $A_{kR}(\text{mm}^{-\lambda})$ | $2.50e-09$ | $-1.57e-12$ | $1.30e-10$ | $-6.43e-10$ | $3.72e-10$ | $2.91e-07$ | $6.39e-07$ | $-1.86e-06$ |
| $A_{kl}(\text{mm}^{-\lambda})$ | $0.00e+00$ | $0.00e+00$ | $0.00e+00$ | $1.67e-10$ | $2.76e-09$ | $-7.52e-07$ | $9.90e-07$ | $-2.65e-04$ |

将 $A_k$ 代入式(6-22)可以计算第 $k$ 阶广义应力强度因子。表 6-4 给出了 $\gamma = 60°, l/w = 0.2$ 时,本章边界元法(BEM)取不同半径和不同级数项数计算应力强度因子 $K_{\mathrm{I}}$ 的结果。Chen D H(1995)[99]用体积力法获得应力强度因子 $K_{\mathrm{I}}$ 为 $7.0627 \text{N} \cdot \text{mm}^{-2-\lambda_1}$。因为结构对称性,仅有 I 型应力强度因子。

表 6-4　取不同半径 $\rho$ 和不同项数 $N$ 时应力强度因子 $K_{\mathrm{I}}/(\text{N} \cdot \text{mm}^{-2-\lambda_1})$ 计算结果

| $K_{\mathrm{I}}$ \\ $N$ / $\rho/l$ | 2 | 4 | 6 | 8 | 10 | 12 | 14 | 16 |
|---|---|---|---|---|---|---|---|---|
| 0.1% | 7.0615 | 7.0154 | 7.0337 | 7.0664 | 7.0347 | 7.0194 | 7.0335 | 7.0580 |
| 0.3% | 7.0739 | 7.0269 | 7.0404 | 7.0581 | 7.0411 | 7.0303 | 7.0397 | 7.0299 |
| 0.5% | 6.9988 | 7.0469 | 7.0678 | 7.0698 | 7.0684 | 7.1124 | 7.1120 | 7.1059 |
| 0.7% | 7.0975 | 7.0451 | 7.0563 | 7.0688 | 7.0574 | 7.0509 | 7.0560 | 7.0553 |
| 0.9% | 7.1016 | 7.0447 | 7.0562 | 7.0655 | 7.0572 | 7.0520 | 7.0565 | 7.0562 |
| 1.1% | 7.1054 | 7.0510 | 7.0565 | 7.0666 | 7.0577 | 7.0527 | 7.0569 | 7.0575 |
| 1.3% | 7.1089 | 7.0537 | 7.0572 | 7.0653 | 7.0580 | 7.0536 | 7.0572 | 7.0584 |
| 1.5% | 6.9805 | 7.0328 | 7.0442 | 7.0522 | 7.0408 | 7.0266 | 7.0323 | 7.0235 |
| 1.7% | 7.0129 | 7.0388 | 7.0423 | 7.0567 | 7.0407 | 7.0304 | 7.0363 | 7.0307 |
| 1.9% | 7.0345 | 7.0340 | 7.0416 | 7.0511 | 7.0445 | 7.0354 | 7.0406 | 7.0366 |
| 2.1% | 7.0609 | 7.0361 | 7.0530 | 7.0704 | 7.0567 | 7.0501 | 7.0551 | 7.0509 |

观察表 6-4 中的每一列,即当级数项数 $N$ 确定时,选多个不同半径 $\rho$ 计算 $K_1$ 的结果基本一致,表明了本文算法的稳定性。从表 6-4 中的每一行可以看出,当取级数前两项时得到切口处广义应力强度因子的误差就很小,表明了对各向同性均质材料 V 形切口问题,前两阶奇异阶占尖端处应力场主导地位。而渐近展开式后面各项的系数,尽管对计算 $K_1$ 因子的作用和地位没有前两项那么突出,但对研究切口附近应力场的精度有着不可忽视的作用,随着离尖端距离 $\rho$ 的渐远,后续各项对位移／应力场的贡献逐渐增大。

表 6-5 给出了不同深度、不同切口张角时应力强度因子的边界元法(BEM)计算结果,其中 $\rho$ 取 0.018mm, $N$ 取 12,计算切口开角分别为30°和60°的应力强度因子。表 6-5 中 $K_I/(\mathrm{N} \cdot \mathrm{mm}^{-2-\lambda_1})$ 计算结果为:

$$\Delta(\%)=\frac{\mathrm{Solution}_{\mathrm{BEM}}-\mathrm{Solution}_{\mathrm{Ref.[99]}}}{\mathrm{Solution}_{\mathrm{Ref.[99]}}}\times 100$$

表 6-5 切口尖端应力强度因子

| $l/w$ | $\gamma=30°$ | | | $\gamma=60°$ | | |
|---|---|---|---|---|---|---|
| | BEM | Ref.[99] | $\Delta(\%)$ | BEM | Ref.[99] | $\Delta(\%)$ |
| 0.05 | 2.8907 | 2.8820 | 0.3019 | 3.0084 | 2.9951 | 0.4441 |
| 0.10 | 4.2668 | 4.2486 | 0.4284 | 4.4294 | 4.3847 | 1.0195 |
| 0.20 | 6.8740 | 6.9017 | 0.4014 | 7.0501 | 7.0627 | 0.1784 |
| 0.30 | 10.1131 | 10.2462 | 1.299 | 10.3576 | 10.4300 | 0.6942 |
| 0.40 | 14.8843 | 15.0316 | 0.9799 | 15.1769 | 15.2365 | 0.3912 |
| 0.50 | 22.2281 | 22.4423 | 0.9544 | 22.5603 | 22.6973 | 0.6036 |
| 0.60 | 34.7102 | 35.0603 | 0.9986 | 35.1814 | 35.4083 | 0.6408 |
| 0.70 | 58.9055 | 59.5953 | 1.1575 | 59.5426 | 60.2095 | 1.1076 |

由表 6-5 可以看出在不同切口深度和不同开口角度时,本文 BEM 解与 Chen DH(1995)[99] 解的相对差 $\Delta$ 均小于 1.2%。

### 例 6.2 含斜切口试件受单向拉伸

图 6-4 所示,由于结构非对称,属于复合型切口问题,尖端处 I 和 II 型应力强度因子并存。试件长 $h=200\mathrm{mm}$,宽 $w=40\mathrm{mm}$,切口张角为 $\gamma$,张角平分线与水平线的夹角为 $\beta$,切口深度为 $l$, $\sigma=1\mathrm{MPa}$。试件的弹性模量 $E=3.9$

$\times 10^9$Pa,泊松比 $v=0.373$,平面应力问题。

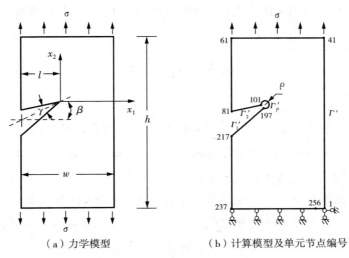

（a）力学模型　　　　　　　（b）计算模型及单元节点编号

图 6-4　含斜切口试件受单向拉伸

取 $\rho=0.018$mm,$N=12$,选开口 $\gamma=30°$ 和 $\gamma=60°$ 两组情况进行计算。表 6-6 列出了切口深度与试件宽度之比 $l/w=0.2$ 时的应力强度因子 $K_{\text{I}}$ 和 $K_{\text{II}}$ 计算结果。Chen DH(1995)[99] 使用体积力法求得的数值解,只考虑了前 2 阶应力奇异项。结果表明本文 BEM 解和文[99]参考解的相对差:$\Delta(K_{\text{I}})<1.1\%$,$\Delta(K_{\text{II}})<1.6\%$。

表 6-6　V 形斜切口尖端应力强度因子计算结果

| $\gamma/\beta(°)$ | $K_{\text{I}}/(\text{N} \cdot \text{mm}^{-2-\lambda_1})$ | | | $K_{\text{II}}/(\text{N} \cdot \text{mm}^{-2-\lambda_2})$ | | |
|---|---|---|---|---|---|---|
| | BEM | Ref.[99] | $\Delta(\%)$ | BEM | Ref.[99] | $\Delta(\%)$ |
| 30/0 | 6.8282 | 6.9017 | 1.0650 | 0.0197 | 0.0000 | / |
| 30/15 | 6.6625 | 6.6768 | 0.2142 | 1.2065 | 1.2017 | 0.3994 |
| 30/30 | 6.0129 | 6.0471 | 0.5656 | 2.2026 | 2.1908 | 0.5386 |
| 30/45 | 5.0519 | 5.0975 | 0.8946 | 2.8522 | 2.8080 | 1.5741 |
| 60/0 | 7.0501 | 7.0627 | 0.1784 | 0.0028 | 0.0000 | / |
| 60/15 | 6.8671 | 6.8037 | 0.9318 | 1.2628 | 1.2468 | 1.2833 |
| 60/30 | 6.1173 | 6.0705 | 0.7709 | 2.2386 | 2.2239 | 0.6610 |
| 60/45 | 5.0146 | 4.9854 | 0.5857 | 2.6967 | 2.7388 | 1.5372 |

观察表6-6的计算结果,在单向拉伸作用下,随切口倾角$\beta$的增大,Ⅱ型(反对称)应力项的贡献增大,而Ⅰ型(对称)应力项的贡献渐渐减小。

# 6.5 小 结

针对一般狭窄Ⅴ形切口尖端附近存在多重应力奇异性问题,通常的数值方法因在尖端处无法构造合适的奇异单元,难以高效地模拟切口根部的奇异应力场。本文创立了一种分析平面Ⅴ形切口尖端多重应力奇异性的边界元法。提出在Ⅴ形切口尖端根部挖去一小扇形域,以Ⅴ形切口尖端关于径向距离的渐近应力场性质为基础,将Ⅴ形切口尖端的应力奇异性特征分析转换成切口尖端附近关于周向变量的常微分方程组特征值问题。首先求出各阶应力奇性指数和相应的特征角函数,然后用边界元法分析去除小扇形域后的整体结构,获得切口尖端的奇异应力场、位移场和应力强度因子。

本文方法避免了常规数值方法在切口尖端划分高密度细网格,可以一次性计算出Ⅴ形切口的多重应力强度因子,同时还能获取Ⅴ形切口附近的奇异应力场和位移场,为下一步建立强度评价准则提供依据。该法还可推广到多材料结合Ⅴ形切口的应力场计算以及结合材料交界面的强度分析。

# 第7章　平面粘结材料 V 形切口应力强度因子的边界元法分析

## 7.1　引　言

工程中更常见的是异质粘结材料结合部形成的 V 形切口,界面端和界面裂纹是两种特殊的粘结材料 V 形切口形式。由于材料的相互不匹配性,在结合材料的结合部会产生振荡应力奇异性(许金泉等,2000[85]),这就造成了安全隐患,结构的破坏往往始于该处。合理的材料组合可以减少奇异性程度,设计出既有足够的断裂抗力,又不增加结构重量和设计成本的材料。但粘结材料结合部的力学性能十分复杂,利用理论方法求解应力奇异性是比较困难的,于是数值分析方法成为求解应力奇异性的一种重要手段。

张明和姚振汉等(1999)[249]采用双材料基本解建立边界元法基本方程,计算了双材料界面裂纹尖端附近的应力和位移场,利用数值外插法得到应力强度因子。简政等(1998)[124]采用复变函数法建立了双材料 V 形切口问题的特征方程,用牛顿迭代法计算了相应的特征值,并用杂交元法获得了双材料 V 形切口的应力强度因子。许金泉等(2000)[85]对切口根部用细分单元的边界元法计算得到应力和位移分量,并以此结果来确定奇异点附近的振荡应力奇异性次数及相应的复应力强度系数。 有限元特征分析方法(Yamada 等,1983[105])是采用奇性变换技术,通过离散虚功方程推导出一个一元二次特征矩阵方程,求解它可以得到局部近似奇性应力场和位移场,该方法能适用于复杂的几何和材料组合。Chen 和 Sze(2001)[158]结合非协调有限元法和渐近展开假设提出了一种新的特征分析法,该法已用于了计算双材料 V 形切口的应力奇性指数和应力强度因子。吴志学(2004)[250] 应用有限单元法子模型技术,对具有不同界面角的三维双材料结构的应力奇异性进行了分析,后对消除三维双材料结构应力奇异性的几何条件进行了讨论。传统的有限元法和边界元法分析粘结材料切口问题时,需要在切口尖端邻域使用很密的单元并使用曲线拟合的办法方才能得到局部近似的奇异应力场。

本章延续上一章的思想,将含粘结材料 V 形切口的结构分成围绕切口尖端的小扇形和剩余结构两部分。再将小扇形沿结合面分成两个尖劈,将每个尖劈内的应力场分别表示成关于尖端距离 $\rho$ 的渐近级数展开式,代入线弹性控制方程,得到两组关于奇性指数的常微分特征方程组,联合两尖劈结合部位的连续条件,求解粘结切口的前若干个奇性指数和相应的特征角函数。再将切口尖端的位移和应力表示为有限个奇性指数和特征角函数的线性组合,将其与多域边界元法分析挖去小扇形后的剩余结构而建立的边界积分方程联立,求解获得含粘结材料切口结构的应力场和位移场以及 V 形切口的广义应力强度因子。

## 7.2　粘结材料 V 形切口奇性指数分析

对于平面双材料 V 形切口,如图 7-1 所示,该模型由具有不同材料特性的两个区域 $\Omega''_1$ 和 $\Omega''_2$ 组成,$\Gamma''_2$ 是两材料的结合界面。$E_1$ 和 $\upsilon_1$ 是域 $\Omega''_1$ 材料的弹性模量和泊松比,$E_2$ 和 $\upsilon_2$ 是域 $\Omega''_2$ 的材料特性。

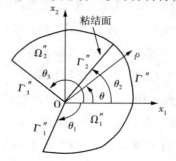

图 7-1　两相粘结材料 V 形切口

在切口尖端 $O$ 点附近，以 $O$ 为圆心挖去一半径为 $\rho$ 的扇形域 $\Omega_1 \cup \Omega_2$，见图 7-2b，扇形圆弧边界记为 $\Gamma_\rho$，缺口处两径向边界分别记为 $\Gamma_1$ 和 $\Gamma_3$，粘结交界记为 $\Gamma_2$。余下结构区域为 $\Omega'_1 \cup \Omega'_2$，如图 7-2a 所示。显然有 $\Omega''_i = \Omega'_i \cup \Omega_i$，$\Gamma''_j = \Gamma_j \cup \Gamma'_j$，$i=1,2$，$j=1,2,3$。

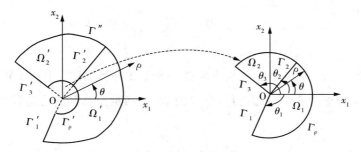

（a）挖去扇形域后剩余结构　　　　　（b）挖得的切口尖端扇形域

图 7-2　粘结切口尖端挖去扇形区域

沿粘结面将图 7-2b 的扇形域剖分为两个尖劈域 $\Omega_j(j=1,2)$。根据线弹性理论分析，图 7-2b 所示切口尖端附近两尖劈域 $\Omega_j(j=1,2)$ 内的位移场可以分别表达成关于径向距离 $\rho$ 的一系列级数渐近展开（Yosibash Z 等，1996[240]），其中第 $k$ 项展开式为：

$$\begin{cases} u_{j\rho k}(\rho,\theta) = A_k \rho^{\lambda_k+1} \widetilde{u}_{j\rho k}(\theta) \\ u_{j\theta k}(\rho,\theta) = A_k \rho^{\lambda_k+1} \widetilde{u}_{j\theta k}(\theta) \end{cases} \qquad (j=1,2) \qquad (7-1)$$

式中 $\lambda_k$ 为应力奇性指数／阶数，$\widetilde{u}_{j\rho k}(\theta)$ 和 $\widetilde{u}_{j\theta k}(\theta)$ 是域 $\Omega_j(j=1,2)$ 内切口尖端附近沿 $\rho$ 和 $\theta$ 方向的位移特征角函数，$A_k$ 为相应的位移幅值系数。

显然式（6-6,6-7）对粘结材料 V 形切口尖端附近分析应力奇性指数仍然成立。因此，在图 7-2b 中两个域 $\Omega_1$ 和 $\Omega_2$ 内各自的控制方程可写为：

$$\widetilde{u}''_{1\rho k} + \left( \frac{1+\upsilon_1}{1-\upsilon_1}\lambda_k - 2 \right) \widetilde{u}'_{1\theta k} + \frac{2}{1-\upsilon_1}(\lambda_k+2)g_{1\rho k} = 0, \qquad \theta \in (\theta_1,\theta_2) \qquad (7-2a)$$

$$\widetilde{u}''_{1\theta k} + \left[ 2 + \frac{1}{2}(1+\upsilon_1)\lambda_k \right] \widetilde{u}'_{1\rho k} + \frac{1}{2}(1-\upsilon_1)(\lambda_k+2)g_{1\theta k} = 0, \quad \theta \in (\theta_1,\theta_2) \qquad (7-2b)$$

$$g_{1\rho k}(\theta) = \lambda_k \widetilde{u}_{1\rho k}(\theta), \qquad\qquad \theta \in (\theta_1,\theta_2) \qquad (7-2c)$$

$$g_{1\theta k}(\theta) = \lambda_k \widetilde{u}_{1\theta k}(\theta), \qquad\qquad \theta \in (\theta_1,\theta_2) \qquad (7-2d)$$

和

$$\widetilde{u}''_{2\rho k} + \left(\frac{1+v_2}{1-v_2}\lambda_k - 2\right)\widetilde{u}'_{2\theta k} + \frac{2}{1-v_2}(\lambda_k+2)g_{2\rho k} = 0, \quad \theta \in (\theta_2,\theta_3) \quad (7-3a)$$

$$\widetilde{u}''_{2\theta k} + \left[2 + \frac{1}{2}(1+v_2)\lambda_k\right]\widetilde{u}'_{2\rho k} + \frac{1}{2}(1-v_2)(\lambda_k+2)g_{2\theta k} = 0, \quad \theta \in (\theta_2,\theta_3) \quad (7-3b)$$

$$g_{2\rho k}(\theta) = \lambda_k\widetilde{u}_{2\rho k}(\theta), \qquad \theta \in (\theta_2,\theta_3) \quad (7-3c)$$

$$g_{2\theta k}(\theta) = \lambda_k\widetilde{u}_{2\theta k}(\theta), \qquad \theta \in (\theta_2,\theta_3) \quad (7-3d)$$

若设 $u_{j\rho}$、$u_{j\theta}$、$\sigma_{j\theta}$ 和 $\sigma_{j\rho\theta}$ 分别为域 $\Omega_j(j=1,2)$ 在界面 $\Gamma_2$ 上的位移和应力分量,对于理想结合的粘结材料,在界面 $\Gamma_2$ 上满足位移和应力连续性条件,因此:

$$u_{1\rho} = u_{2\rho}, u_{1\theta} = u_{2\theta}, \sigma_{1\theta} = \sigma_{2\theta}, \sigma_{1\rho\theta} = \sigma_{2\rho\theta} \quad (7-4)$$

注意到式(6-2)和式(7-1),因而式(7-4)可以具体化为:

$$\widetilde{u}_{1\rho k}(\theta_2) = \widetilde{u}_{2\rho k}(\theta_2) \quad (7-5a)$$

$$\widetilde{u}_{1\theta k}(\theta_2) = \widetilde{u}_{2\theta k}(\theta_2) \quad (7-5b)$$

和

$$\frac{E_1}{1-v_1^2}[\widetilde{u}'_{1\theta k} + (1+v_1+v_1\lambda_k)\widetilde{u}_{1\rho k}]$$

$$-\frac{E_2}{1-v_2^2}[\widetilde{u}'_{2\theta k} + (1+v_2+v_2\lambda_k)\widetilde{u}_{2\rho k}] = 0, \theta = \theta_2 \quad (7-5c)$$

$$\frac{E_1}{2(1+v_1)}(\widetilde{u}'_{1\rho k} + \lambda_k\widetilde{u}_{1\theta k}) - \frac{E_2}{2(1+v_2)}(\widetilde{u}'_{2\rho k} + \lambda_k\widetilde{u}_{2\theta k}) = 0, \theta = \theta_2 \quad (7-5d)$$

在 $\Gamma_1$ 和 $\Gamma_3$ 上面力自由,也即:

$$\sigma_{1\theta} = \sigma_{1\rho\theta} = 0, \qquad \theta = \theta_1 \quad (7-6)$$

$$\sigma_{2\theta} = \sigma_{2\rho\theta} = 0, \qquad \theta = \theta_2 \quad (7-7)$$

类似式(6-9),在 $\Gamma_1$ 和 $\Gamma_3$ 上的边界条件式(7-6,7-7)可以化为:

$$\widetilde{u}'_{1\theta k} + (1+v_1+v_1\lambda_k)\widetilde{u}_{1\rho k} = 0, \qquad \theta = \theta_1 \quad (7-8a)$$

$$\widetilde{u}'_{1\rho k} + \lambda_k\widetilde{u}_{1\theta k} = 0, \qquad \theta = \theta_1 \quad (7-8b)$$

和

$$\tilde{u}'_{2\theta k} + (1 + \upsilon_2 + \upsilon_2\lambda_k)\tilde{u}_{2\rho k} = 0, \qquad \theta = \theta_3 \qquad (7-8c)$$

$$\tilde{u}'_{2\rho k} + \lambda_k \tilde{u}_{2\theta k} = 0, \qquad \theta = \theta_3 \qquad (7-8d)$$

因此,粘结材料 V 形切口尖端应力奇性指数 $\lambda_k$ 的计算变成求解常微分方程 $(7-2,7-3)$,式 $(7-5)$ 和式 $(7-8)$ 是相对应的边界条件,采用插值矩阵法(牛忠荣,1993[248])可解得 $\lambda_k$ 及相应的特征角函数 $\tilde{u}_{1\rho k}(\theta)$、$\tilde{u}_{1\theta k}(\theta)$、$\tilde{u}_{2\rho k}(\theta)$ 和 $u_{2\theta k}(\theta)$。

## 7.3　边界元法计算粘结切口应力强度因子

### 7.3.1　粘结材料切口尖端的位移场和应力场

图 $7-2b$ 中 V 形切口尖端 $O$ 点附近尖劈域 $\Omega_j (j=1,2)$ 内的位移渐近场可以按如下的级数来渐近展开(Yosibash Z 等,1996[240]):

$$\begin{cases} u_{j\rho}(\rho,\theta) = \sum_{k=1}^{N} A_k \rho^{\lambda_k+1} \tilde{u}_{j\rho k}(\theta) \\ u_{j\theta}(\rho,\theta) = \sum_{k=1}^{N} A_k \rho^{\lambda_k+1} \tilde{u}_{j\theta k}(\theta) \end{cases} \qquad (j=1,2) \qquad (7-9)$$

其中 $N$ 为截取的级数项数,$A_k(k=1,2,\cdots,N)$ 是每项贡献的组合系数,对应于 $\lambda_k$ 的实部属于 $(-1,0)$ 的 $A_k$ 相当于粘结材料 V 形切口的广义应力强度因子。一般情形时,特征值 $\lambda_k$ 以及 $A_k$、$\tilde{u}_{j\rho k}(\theta)$ 和 $\tilde{u}_{j\theta k}(\theta)(k=1,\cdots,N)$ 是复数,写成:

$$\begin{cases} \lambda_k = \lambda_{kR} \pm i\lambda_{kI} \\ A_k = A_{kR} \pm iA_{kI} \\ \tilde{u}_{j\rho k}(\theta) = \tilde{u}_{j\rho kR}(\theta) \pm i\tilde{u}_{j\rho kI}(\theta) \\ \tilde{u}_{j\theta k}(\theta) = \tilde{u}_{j\theta kR}(\theta) \pm i\tilde{u}_{j\theta kI}(\theta) \end{cases} \qquad (j=1,2) \qquad (7-10)$$

其中 $i = \sqrt{-1}$,下标"R"和"I"分别表示复数的实部和虚部。将式 $(7-10)$ 代入式 $(7-9)$ 中,取其实部,可以得到 $u_{j\rho}(\rho,\theta)$ 和 $u_{j\theta}(\rho,\theta)(j=1,2)$ 的具体表达式:

$$\begin{Bmatrix} u_{j\rho}(\rho,\theta) \\ u_{j\theta}(\rho,\theta) \end{Bmatrix} = \sum_{k=1}^{N} \rho^{\lambda_{kR}+1} \left\{ A_{kR} \left[ \begin{Bmatrix} \tilde{u}_{j\rho kR}(\theta) \\ \tilde{u}_{j\theta kR}(\theta) \end{Bmatrix} \cos(\lambda_{k1}\ln\rho) - \begin{Bmatrix} \tilde{u}_{j\rho k1}(\theta) \\ \tilde{u}_{j\theta k1}(\theta) \end{Bmatrix} \sin(\lambda_{k1}\ln\rho) \right] \right.$$

$$\left. - A_{k1} \left[ \begin{Bmatrix} \tilde{u}_{j\rho kR}(\theta) \\ \tilde{u}_{j\theta kR}(\theta) \end{Bmatrix} \sin(\lambda_{k1}\ln\rho) + \begin{Bmatrix} \tilde{u}_{j\rho k1}(\theta) \\ \tilde{u}_{j\theta k1}(\theta) \end{Bmatrix} \cos(\lambda_{k1}\ln\rho) \right] \right\} \quad (j=1,2) \quad (7-11)$$

若记应力特征角函数为：

$$\begin{cases} \tilde{\sigma}_{j\rho k}(\theta) = \dfrac{E_j}{1-\upsilon_j^2} \left\{ \left[ (1+\upsilon_j)\tilde{u}_{j\rho kR} + \lambda_{kR}\tilde{u}_{j\rho kR} - \lambda_{k1}\tilde{u}_{j\rho k1} + \upsilon_j\tilde{u}'_{j\theta kR} \right] \right. \\ \qquad\qquad \left. + i\left[ (1+\upsilon_j)\tilde{u}_{j\rho k1} + \lambda_{k1}\tilde{u}_{j\rho kR} + \lambda_{kR}\tilde{u}_{j\rho k1} + \upsilon_j\tilde{u}'_{j\theta k1} \right] \right\} \\[4pt] \tilde{\sigma}_{j\theta k}(\theta) = \dfrac{E_j}{1-\upsilon_j^2} \left\{ \left[ (1+\upsilon_j)\tilde{u}_{j\rho kR} + \upsilon_j\lambda_{kR}\tilde{u}_{j\rho kR} - \upsilon_j\lambda_{k1}\tilde{u}_{j\rho k1} + \tilde{u}'_{j\theta kR} \right] \right. \\ \qquad\qquad \left. + i\left[ (1+\upsilon_j)\tilde{u}_{j\rho k1} + \upsilon_j\lambda_{kR}\tilde{u}_{j\rho k1} + \upsilon_j\lambda_{k1}\tilde{u}_{j\rho kR} + \tilde{u}'_{j\theta k1} \right] \right\} \\[4pt] \tilde{\sigma}_{j\rho\theta k}(\theta) = \dfrac{E_j}{2(1+\upsilon_j)} \left[ (\lambda_{kR}\tilde{u}_{j\theta kR} - \lambda_{k1}\tilde{u}_{j\theta k1} + \tilde{u}'_{j\rho kR}) \right. \\ \qquad\qquad \left. + i(\lambda_{k1}\tilde{u}_{j\theta kR} + \lambda_{kR}\tilde{u}_{j\theta k1} + \tilde{u}'_{j\rho k1}) \right] \end{cases} \quad (j=1,2) \quad (7-12)$$

仿照式（6-15）的推导过程，可以得到粘结切口尖端附近的应力场为：

$$\begin{Bmatrix} \sigma_{j\rho}(\rho,\theta) \\ \sigma_{j\theta}(\rho,\theta) \\ \sigma_{j\rho\theta}(\rho,\theta) \end{Bmatrix} = \sum_{k=1}^{N} \rho^{\lambda_{kR}} \left\{ A_{kR} \left[ \begin{Bmatrix} \tilde{\sigma}_{j\rho kR}(\theta) \\ \tilde{\sigma}_{j\theta kR}(\theta) \\ \tilde{\sigma}_{j\rho\theta kR}(\theta) \end{Bmatrix} \cos(\lambda_{k1}\ln\rho) - \begin{Bmatrix} \tilde{\sigma}_{j\rho k1}(\theta) \\ \tilde{\sigma}_{j\theta k1}(\theta) \\ \tilde{\sigma}_{j\rho\theta k1}(\theta) \end{Bmatrix} \sin(\lambda_{k1}\ln\rho) \right] \right.$$

$$\left. - A_{k1} \left[ \begin{Bmatrix} \tilde{\sigma}_{j\rho kR}(\theta) \\ \tilde{\sigma}_{j\theta kR}(\theta) \\ \tilde{\sigma}_{j\rho\theta kR}(\theta) \end{Bmatrix} \sin(\lambda_{k1}\ln\rho) + \begin{Bmatrix} \tilde{\sigma}_{j\rho k1}(\theta) \\ \tilde{\sigma}_{j\theta k1}(\theta) \\ \tilde{\sigma}_{j\rho\theta k1}(\theta) \end{Bmatrix} \cos(\lambda_{k1}\ln\rho) \right] \right\} \quad (j=1,2) \quad (7-13)$$

类似上一章的推导，可以得到图 7-2a 中边界 $\Gamma'_\rho$ 在域 $\Omega'_j(j=1,2)$ 内点的位移和面力在直角坐标系下的表达式：

$$\begin{Bmatrix} u_{j1} \\ u_{j2} \end{Bmatrix} = \sum_{k=1}^{N} \rho^{\lambda_{kR}+1} \left\{ A_{kR} \left[ \begin{Bmatrix} \tilde{u}_{j\rho kR}(\theta)\cos\theta - \tilde{u}_{j\theta kR}(\theta)\sin\theta \\ \tilde{u}_{j\rho kR}(\theta)\sin\theta + \tilde{u}_{j\theta kR}(\theta)\cos\theta \end{Bmatrix} \cos(\lambda_{k1}\ln\rho) \right.\right.$$

$$\left.\left. - \begin{Bmatrix} \tilde{u}_{j\rho k1}(\theta)\cos\theta - \tilde{u}_{j\theta k1}(\theta)\sin\theta \\ \tilde{u}_{j\rho k1}(\theta)\sin\theta + \tilde{u}_{j\theta k1}(\theta)\cos\theta \end{Bmatrix} \sin(\lambda_{k1}\ln\rho) \right.\right.$$

$$- A_{k1} \left[ \left\{ \begin{array}{c} \tilde{u}_{j\rho kR}(\theta)\cos\theta - \tilde{u}_{j\theta kR}(\theta)\sin\theta \\ \tilde{u}_{j\rho kR}(\theta)\sin\theta + \tilde{u}_{j\theta kR}(\theta)\cos\theta \end{array} \right\} \sin(\lambda_{k1}\ln\rho) \right.$$

$$\left. + \left\{ \begin{array}{c} \tilde{u}_{j\rho k1}(\theta)\cos\theta - \tilde{u}_{j\theta k1}(\theta)\sin\theta \\ \tilde{u}_{j\rho k1}(\theta)\sin\theta + \tilde{u}_{j\theta k1}(\theta)\cos\theta \end{array} \right\} \cos(\lambda_{k1}\ln\rho) \right] \right\} \qquad (j=1,2) \quad (7-14)$$

$$\left\{ \begin{array}{c} t_{j1} \\ t_{j2} \end{array} \right\} = \sum_{k=1}^{N} \rho^{\lambda_{kR}} \left\{ - A_{kR} \left[ \left\{ \begin{array}{c} \tilde{\sigma}_{j\rho kR}(\theta)\cos\theta - \tilde{\sigma}_{j\theta kR}(\theta)\sin\theta \\ \tilde{\sigma}_{j\rho kR}(\theta)\sin\theta + \tilde{\sigma}_{j\theta kR}(\theta)\cos\theta \end{array} \right\} \cos(\lambda_{k1}\ln\rho) \right. \right.$$

$$+ \left\{ \begin{array}{c} \tilde{\sigma}_{j\rho k1}(\theta)\cos\theta - \tilde{\sigma}_{j\theta k1}(\theta)\sin\theta \\ \tilde{\sigma}_{j\rho k1}(\theta)\sin\theta + \tilde{\sigma}_{j\theta k1}(\theta)\cos\theta \end{array} \right\} \sin(\lambda_{k1}\ln\rho) \right]$$

$$+ A_{k1} \left[ \left\{ \begin{array}{c} \tilde{\sigma}_{j\rho kR}(\theta)\cos\theta - \tilde{\sigma}_{j\theta kR}(\theta)\sin\theta \\ \tilde{\sigma}_{j\rho kR}(\theta)\sin\theta + \tilde{\sigma}_{j\theta kR}(\theta)\cos\theta \end{array} \right\} \sin(\lambda_{k1}\ln\rho) \right.$$

$$\left. \left. - \left\{ \begin{array}{c} \tilde{\sigma}_{j\rho k1}(\theta)\cos\theta - \tilde{\sigma}_{j\theta k1}(\theta)\sin\theta \\ \tilde{\sigma}_{j\rho k1}(\theta)\sin\theta + \tilde{\sigma}_{j\theta k1}(\theta)\cos\theta \end{array} \right\} \cos(\lambda_{k1}\ln\rho) \right] \right\} \qquad (j=1,2) \quad (7-15)$$

至此,获得了图 7-2a 中弧线边界 $\Gamma'_{\rho}$ 上各点位移和面力的表达式。

### 7.3.2　边界元法求解应力强度因子

图 7-3a 所示为切口尖端挖去扇形区域后剩下的结构,由于粘结材料的非均匀性,边界元求解时将该结构沿交界面剖分为两个子域 $\Omega'_1$ 和 $\Omega'_2$,如图 7-3b,$\Omega'_1$ 的边界为 $\Gamma'_{21} + \Gamma'_{\rho 1} + \Gamma'_1 + \Gamma''_1$,$\Omega'_2$ 的边界为 $\Gamma'_{22} + \Gamma'_2 + \Gamma'_3$ $+ \Gamma'_{\rho 2}$,显然,$\Gamma''_1 \bigcup \Gamma''_2 = \Gamma''$,$\Gamma'_{\rho 1} \bigcup \Gamma'_{\rho 2} = \Gamma'_{\rho}$,且 $\Gamma'_2 = \Gamma'_{21} = \Gamma'_{22}$。

粘结材料 V 形切口应力强度因子的计算步骤是:将图 7-1 所示的 V 形切口结构分成图 7-2b 所示的 $\Omega_1 \bigcup \Omega_2$ 和图 7-3b 所示的 $\Omega'_1$、$\Omega'_2$ 三部分。首先对图 7-2b 所示的围绕切口尖端的小扇形区域 $\Omega_1 \bigcup \Omega_2$ 进行应力奇异场的特征分析,根据离尖端关于径向 $\rho$ 的位移场作级数渐近展开,将弹性力学的控制方程转化为常微分方程特征值问题,求解获得应力奇性指数 $\lambda_k$ 和相应的特征角函数。注意到在寻求应力奇性指数时,若截取前 $N$ 个实部最小的特征值 $\lambda_k(k=1,\cdots,N)$ 和相应的特征角函数,则在式(7-14,15)中有 $2N$

个未知量 $A_{kR}$、$A_{kI}(k=1,\cdots,N)$。

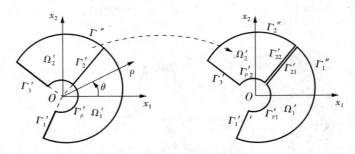

（a）挖去扇形区域后的剩余结构　　　　（b）剖分成两个子域

图 7 - 3　　粘结切口挖去扇形区域后剖分成两子域

　　然后处理挖去扇形域 $\Omega_1 \bigcup \Omega_2$ 后剩下的结构域 $\Omega'_1$、$\Omega'_2$，见图 7 - 3b，其上没有应力奇异性，采用常规边界元法分析 $\Omega'_1$ 和 $\Omega'_2$，在域 $\Omega'_1$ 和 $\Omega'_2$ 内分别单独列位移边界积分方程，沿各自的边界 $\Gamma'_{21}+\Gamma'_{\rho1}+\Gamma'_1+\Gamma''_1$ 和 $\Gamma'_{22}+\Gamma''_2+\Gamma'_3+\Gamma'_{\rho2}$ 做单元离散。$\Gamma'_1+\Gamma''_1$ 和 $\Gamma''_2+\Gamma'_3$ 是通常的外边界，其上布置 $M$ 个结点（含 $2M$ 个未知量），在每个结点列两个共 $2M$ 个常规的位移边界积分方程（4 - 6）；$\Gamma'_{21}$ 和 $\Gamma'_{22}$ 是两域的交界，其上各布置 $K$ 个结点（含 $8K$ 个未知量），每个结点列两个共 $4K$ 个常规的边界积分方程（4 - 6），另外，利用交界面上位移相等、面力连续的联接条件可以补充 $4K$ 个方程；$\Gamma'_{\rho1}$ 和 $\Gamma'_{\rho2}$ 是去除 $\Omega_1 \bigcup \Omega_2$ 扇形域后的内边界，其上的位移和面力由式（7 - 14,15）提供，其中含有待定的 $2N$ 个未知系数 $A_{kR}$ 和 $A_{kI}$，故需要在 $\Gamma'_{\rho1} \bigcup \Gamma'_{\rho2}$ 上选择 $N$ 个结点作为源点分别列边界积分方程（4 - 6），从而补充了 $2N$ 个代数方程。

　　这样，系统的未知量的总个数为 $2M+8K+2N$，方程总数也为 $2M+8K+2N$，两者正好相等。联立 $2M+8K+2N$ 个方程可以解得边界 $\Gamma'_{\rho1}+\Gamma'_1+\Gamma''_1 \bigcup \Gamma''_2+\Gamma'_3+\Gamma'_{\rho2}$ 和交界 $\Gamma'_{21}+\Gamma'_{22}$ 上各结点的未知位移和面力分量以及待定系数 $A_{kR}$ 和 $A_{kI}(k=1,\cdots,N)$。将 $A_{kR}$ 和 $A_{kI}$ 代入到式（7 - 11,13）可以获得 V 形切口根部附近完整的奇异位移场和应力场，对于区域 $\Omega'_1$ 和 $\Omega'_2$ 内部各点的位移和应力则由相应的内点边界积分方程（4 - 3）求得。

　　依据奇异应力场的解式（7 - 13），可以利用应力幅值系数 $A_{kR}$，$A_{kI}(k=1,\cdots,N)$ 和应力特征角函数计算粘结材料 V 形切口的应力强度因子 $K_{\mathrm{I}}$ 和 $K_{\mathrm{II}}$，其中应力强度因子的定义同式（6 - 22,23）。

# 7.4　数值算例

### 7.4.1　均质材料中裂纹应力强度因子计算

均质材料中的裂纹虽然是上一章均质 V 形切口的一种特例,但若用上一章的方法计算时,裂纹的两条边重合在一起将引起边界元法方程的不适定性。若采用本章的方法,裂纹的两条边分属不同的区域,则可以避免这种现象。现按本章方法取粘结切口两材料的弹性参数相同来计算均质材料裂纹应力强度因子。

#### 例 7.1　含中心裂纹平板受均匀拉伸

板宽 $2b = 2.0\mathrm{m}$,高为 $2h = 3.0\mathrm{m}$,中心裂纹长为 $2a = 0.4\mathrm{m}$,在两端垂直裂纹方向受均匀正应力 $\sigma$,见图 7-4a。材料的弹性模量 $E = 210\mathrm{GPa}$,泊松比 $\upsilon = 0.3$。

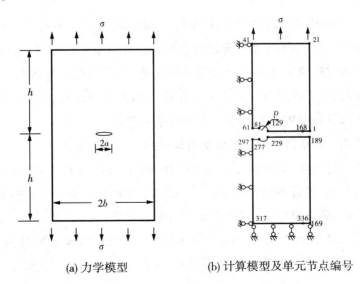

(a) 力学模型　　　　　　(b) 计算模型及单元节点编号

图 7-4　含中心裂纹平板受均匀拉伸

根据对称性,取一半结构考虑,在裂尖处挖去半径为 $\rho$ 的圆形区域后,将结构沿裂纹面分成两个子域,用边界元法共划分 168 个二次等参元,计算模型及单元节点编号见图 7-4b。因为结构和外载的对称性,仅有 I 型应力强度因子。应力强度因子的参考解为 $K_I = 1.030\sigma\sqrt{\pi a}$（应力强度因子手册，1981[233]），无量纲化应力强度因子 $F_I = K_I/\sigma\sqrt{\pi a}$。

表 7-1 给出的是取不同半径 $\rho$ 和不同级数项数 $N$ 时，无量纲化应力强度因子 $F_I$ 的计算结果。

表 7-1　中心裂纹无量纲化应力强度因子

| $F_I$ ＼ $\rho/a$　$N$ | 0.1% | 0.3% | 0.5% | 0.7% | 0.9% | 1.1% | 1.3% | 1.5% | 1.7% | 1.9% |
|---|---|---|---|---|---|---|---|---|---|---|
| 2 | 1.035 | 1.043 | 1.049 | 1.054 | 1.002 | 0.979 | 0.960 | 0.950 | 0.952 | 0.937 |
| 4 | 1.029 | 1.032 | 1.035 | 1.038 | 1.021 | 1.018 | 1.017 | 1.016 | 1.016 | 1.016 |
| 6 | 1.024 | 1.024 | 1.024 | 1.024 | 1.033 | 1.031 | 1.027 | 1.049 | 1.036 | 1.034 |
| 8 | 1.025 | 1.026 | 1.026 | 1.026 | 1.033 | 1.031 | 1.030 | 1.028 | 1.027 | 1.027 |
| 10 | 1.030 | 1.030 | 1.031 | 1.031 | 1.030 | 1.029 | 1.030 | 1.030 | 1.031 | 1.035 |
| Ref.[233] | 1.030 | 1.030 | 1.030 | 1.030 | 1.030 | 1.030 | 1.030 | 1.030 | 1.030 | 1.030 |

表 7-1 中的每一行，即当级数项数 $N$ 确定时，选多个不同半径 $\rho$ 计算 $F_I$ 的结果基本一致，表明了本文算法的稳定性。从表中每一列可以看出，当取级数前两项时得到裂纹应力强度因子的误差很小，表明了对各向同性均质材料裂纹问题，前两阶奇异阶占裂尖处应力场的主导地位。表中每一列显示随着选取级数项数 $N$ 的增加计算精度越来越高。

**例 7.2　含单边斜裂纹平板受均匀拉伸**

矩形板宽为 $b=10\,\text{mm}$，长为 $2.5b$，有一条长为 $a=5\,\text{mm}$ 的边裂纹，裂纹距一端为 $b$，与一边的夹角为 $\beta=45°$，在端部受单向均匀正应力 $\sigma$ 作用，见图 7-5a。材料的弹性模量 $E=210\text{GPa}$，泊松比 $\upsilon=0.3$。

在裂尖处挖去半径为 $\rho$ 的圆形区域后，将结构沿水平面分成两个子域，边界元法共划分 178 个二次等参元，计算模型及单元节点编号见图 7-5b。采用边界配置法获得的参考解为 $K_I = 1.205\sigma\sqrt{\pi a}$，$K_{II} = 0.572\sigma\sqrt{\pi a}$（应力强度因子手册，1981[233]）。无量纲化应力强度因子 $F_I = K_I/(\sigma\sqrt{\pi a})$，$F_{II} = K_{II}/(\sigma\sqrt{\pi a})$ 的计算结果分别列于表 7-2 和表 7-3，其中 $\rho$ 的单位为 mm。

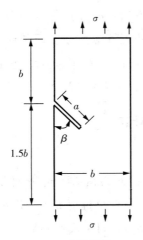

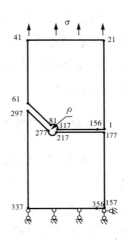

(a) 力学模型                      (b) 分析模型及单元节点编号

图 7 - 5    含单边斜裂纹平板受均匀拉伸

表 7 - 2    单边斜裂纹 I 型无量纲化应力强度因子 $F_I$

| $F_I$ $\rho/a$    N | 0.01 | 0.03 | 0.05 | 0.07 | 0.09 | 0.11 | 0.13 | 0.15 | 0.17 |
|---|---|---|---|---|---|---|---|---|---|
| 2 | 1.223 | 1.218 | 1.210 | 1.196 | 1.181 | 1.167 | 1.153 | 1.139 | 1.123 |
| 4 | 1.201 | 1.187 | 1.178 | 1.165 | 1.153 | 1.142 | 1.131 | 1.120 | 1.109 |
| 6 | 1.203 | 1.203 | 1.194 | 1.202 | 1.202 | 1.202 | 1.199 | 1.195 | 1.194 |
| 8 | 1.204 | 1.203 | 1.202 | 1.202 | 1.202 | 1.202 | 1.201 | 1.199 | 1.199 |
| Ref. [233] | 1.205 | 1.205 | 1.205 | 1.205 | 1.205 | 1.205 | 1.205 | 1.205 | 1.205 |

表 7 - 3    单边斜裂纹 II 型无量纲化应力强度因子 $F_{II}$

| $F_{II}$ $\rho/a$    N | 0.01 | 0.03 | 0.05 | 0.07 | 0.09 | 0.11 | 0.13 | 0.15 | 0.17 |
|---|---|---|---|---|---|---|---|---|---|
| 2 | 0.530 | 0.500 | 0.479 | 0.468 | 0.458 | 0.451 | 0.447 | 0.443 | 0.440 |
| 4 | 0.586 | 0.600 | 0.614 | 0.624 | 0.636 | 0.648 | 0.660 | 0.673 | 0.684 |
| 6 | 0.580 | 0.584 | 0.593 | 0.585 | 0.586 | 0.587 | 0.588 | 0.591 | 0.594 |
| 8 | 0.576 | 0.584 | 0.574 | 0.582 | 0.583 | 0.584 | 0.581 | 0.576 | 0.577 |
| Ref. [233] | 0.572 | 0.572 | 0.572 | 0.572 | 0.572 | 0.572 | 0.572 | 0.572 | 0.572 |

从表 7－2 和表 7－3 中的每一行可以看出,取不同半径 $\rho$ 计算时,结果稳定,表中的每一列表明取级数前两项得到的裂纹应力强度因子误差很小,但精度不够高,随着级数项数的增加,应力强度因子的计算精度也得到了明显提高。值得注意的是文[233] 参考解也存在一定的误差。

### 7.4.2　粘结材料切口应力强度因子计算

#### 例 7.3　典型试件的应力强度因子

图 7－6a 为带切口的三点弯曲梁试件,由两梁粘结而成,试件切口角 $\theta_1 = \theta_2 = 135°$,试件厚度 $B = 1\text{mm}$,$P = 1N$,图中长度单位为 mm。设组成试件的两种材料 $\Omega_1$ 和 $\Omega_2$ 具有相同的泊松比,计算两种材料具有不同弹性模量比时切口的应力强度因子,令弹性模量之比 $E_1/E_2 = 1, 3, 5, 7, 10$。本例为平面应力问题。

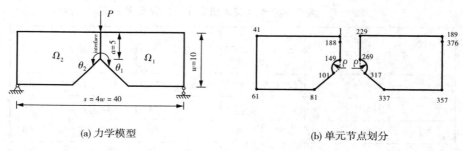

(a) 力学模型　　　　　　　　　　(b) 单元节点划分

图 7－6　三点弯曲梁试件

计算时在切口尖端挖去的圆弧半径 $\rho = 0.018\text{mm}$,级数展开项数 $N = 10$,边界元法采用 188 个二次等参元,单元划分见图 7－6b。不同弹模比下切口的前两阶应力奇性指数计算结果见表 7－4,简政等(1998)[124] 利用应力函数法也得到了该问题的结果。从表 7－4 中可以看出。

表 7－4　切口前两阶应力奇性指数

| $E_1/E_2$ | $\lambda_1$ | | $\lambda_2$ | |
|---|---|---|---|---|
| | 本文方法 | 文[124] 解 | 本文方法 | 文[124] 解 |
| 1 | $-0.4555157$ | $-0.45552$ | $-0.0914666$ | $-0.09147$ |
| 3 | $-0.4345961$ | $-0.43460$ | $-0.1277969$ | $-0.12780$ |

（续表）

| $E_1/E_2$ | $\lambda_1$ | | $\lambda_2$ | |
|---|---|---|---|---|
| | 本文方法 | 文[124]解 | 本文方法 | 文[124]解 |
| 5 | − 0.4139380 | − 0.41394 | − 0.1602475 | − 0.16025 |
| 7 | − 0.3982189 | − 0.39822 | − 0.1830582 | − 0.18306 |
| 10 | − 0.3803199 | − 0.38032 | − 0.2073422 | − 0.20735 |

用本文方法计算得到的切口应力奇性指数精度非常高。

表 7 - 5 给出的是三点弯曲梁在不同弹模比下无量纲化（与 $P$ 的大小无关）应力强度因子计算结果，为了比较，表中还列出了简政等（1998）[124] 用杂交元法计算的结果。从表 7 - 5 中可以看出，本文结果与文[124]结果误差很小，表明边界元法计算粘结材料 V 形切口应力强度因子获得了较高的精度。

**表 7 - 5　三点弯曲梁切口应力强度因子**

| $E_1/E_2$ | $K_{\text{I}}Bw^{1+\lambda_1}/6P$ | | $K_{\text{II}}Bw^{1+\lambda_1}/6P$ | |
|---|---|---|---|---|
| | 本文方法 | 文[124]解 | 本文方法 | 文[124]解 |
| 1 | 2.0968 | 2.0843 | − 0.0001 | 0.0000 |
| 3 | 2.3544 | 2.3807 | − 0.6876 | − 0.6715 |
| 5 | 2.7486 | 2.7657 | − 1.0344 | − 1.0229 |
| 7 | 3.1455 | 3.1559 | − 1.3109 | − 1.3029 |
| 10 | 3.7678 | 3.7711 | − 1.7008 | − 1.6922 |

### 例 7.4　双材料矩形板单边界面裂纹

受均匀拉伸的具有单边界面裂纹的矩形板如图 7 - 7a 所示，板宽 $w = 1\text{m}$，$h = 1.5w$，裂纹长度为 $a$。材料的弹性常数 $E_1 = 2.1\text{GPa}$，$v_1 = v_2 = 0.3$，计算 $E_1/E_2$ 取不同值时，界面裂纹的应力强度因子。按平面应力考虑。

计算时，在裂纹尖端挖去的圆弧半径 $\rho = 0.0018\text{m}$，将剩余结构沿裂纹面剖分为两个子域，边界元法节点划分如图 7 - 7b 所示，采用 168 个二次等参元。

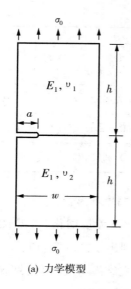

(a) 力学模型

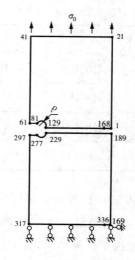

(b) 计算模型及单元节点编号

图 7-7 双材料单边界面裂纹

若 $E_1/E_2=1$，则相当于均质材料单边裂纹问题，应力强度因子参考解 $K_1=F\sigma_0\sqrt{\pi a}$，当 $h/w\geqslant 1.0$，$a/w\leqslant 0.6$ 时，$F=1.12-0.23(a/w)+10.6(a/w)^2-21.7(a/w)^3+30.4(a/w)^4$（应力强度因子手册，1981[233]）。此时无量纲化应力强度因子 $F=K_1/(\sigma_0\sqrt{\pi a})$ 的计算结果列于表 7-6。从中可以看出当级数项取 10 项时，对不同的裂纹长度，本文方法计算得到的无量纲化应力强度因子和参考解相比，最大误差还不到 0.5%。

表 7-6    均质材料边裂纹无量纲化应力强度因子

| $N$ ＼ $F$ ＼ $a/w$ | 0.1 | 0.2 | 0.3 | 0.4 | 0.5 |
|---|---|---|---|---|---|
| 2 | 1.1679 | 1.3870 | 1.7163 | 2.2308 | 3.0775 |
| 4 | 1.1643 | 1.3640 | 1.6602 | 2.1154 | 2.8342 |
| 6 | 1.1841 | 1.3744 | 1.6593 | 2.1826 | 2.8812 |
| 8 | 1.1868 | 1.3749 | 1.6650 | 2.1175 | 2.8336 |
| 10 | 1.1898 | 1.3706 | 1.6631 | 2.1156 | 2.8303 |
| Ref. [233] | 1.1843 | 1.3730 | 1.6653 | 2.1134 | 2.8425 |

对于不同的弹模比 $E_1/E_2$，无量纲化应力强度因子 $F_i=K_i/(\sigma_0\sqrt{\pi a})(i=$ I，II) 的计算结果列于表 7-7，并和 T. Matsumtoa(2000)[251] 采用能量释放率计算得到的结果相比较。

表 7-7　界面裂纹无量纲化应力强度因子(SIF)

| $a/w$ | SIF | $E_1/E_2=2$ | | $E_1/E_2=4$ | | $E_1/E_2=10$ | |
|---|---|---|---|---|---|---|---|
| | | 本文解 | T. M 解 | 本文解 | T. M 解 | 本文解 | T. M 解 |
| 0.1 | $F_{\mathrm{I}}$ | 1.186 | 1.190 | 1.178 | 1.199 | 1.168 | 1.222 |
| | $F_{\mathrm{II}}$ | −0.128 | −0.127 | −0.236 | −0.237 | −0.333 | −0.336 |
| 0.2 | $F_{\mathrm{I}}$ | 1.366 | 1.367 | 1.354 | 1.368 | 1.340 | 1.366 |
| | $F_{\mathrm{II}}$ | −0.137 | −0.137 | −0.251 | −0.251 | −0.349 | −0.348 |
| 0.3 | $F_{\mathrm{I}}$ | 1.659 | 1.657 | 1.649 | 1.655 | 1.635 | 1.648 |
| | $F_{\mathrm{II}}$ | −0.157 | −0.156 | −0.287 | −0.288 | −0.398 | −0.394 |
| 0.4 | $F_{\mathrm{I}}$ | 2.111 | 2.109 | 2.102 | 2.102 | 2.087 | 2.090 |
| | $F_{\mathrm{II}}$ | −0.196 | −0.195 | −0.356 | −0.358 | −0.492 | −0.491 |
| 0.5 | $F_{\mathrm{I}}$ | 2.826 | 2.819 | 2.815 | 2.806 | 2.799 | 2.789 |
| | $F_{\mathrm{II}}$ | −0.264 | −0.268 | −0.480 | −0.483 | −0.662 | −0.661 |

从表 7-7 可以看出，双材料界面 I 型裂纹和 II 型裂纹是耦合在一起的，即使只受均匀拉应力 $\sigma_0$，也会同时产生 $F_{\mathrm{I}}$ 和 $F_{\mathrm{II}}$。表 7-7 显示 $F_{\mathrm{I}}$ 和 $F_{\mathrm{II}}$ 的绝对值皆随裂纹宽度比的增大而增大，$E_1/E_2$ 的比值对 $F_{\mathrm{I}}$ 影响很小，但对 $F_{\mathrm{II}}$ 影响较大。本文方法和 T. Matsumtoa(2000)[251] 的解能很好地吻合。

# 7.5　小　结

本章将含粘结材料 V 形切口的结构分成围绕切口尖端的两个尖劈和剩余结构三部分。在两尖劈域内利用渐近级数展开和线弹性平衡方程，获得了关于粘结切口应力奇性指数的特征方程组，采用插值矩阵法求解出了粘结切口的应力奇性指数和相应的特征角函数。后配合边界元法求出了尖劈域内应力渐近级数展开的展开系数,由此可算出粘结材料切口的应力强度因子,同时可以精确计算出切口尖端附近的奇异应力场。

使用 V 形切口尖端处渐近应力场的级数形式组合表示,基本反映了 V 形切口尖端处奇异应力场的性质。传统的解析分析途径仅考虑前1~2项奇异阶的贡献,本文建立的分析 V 形切口的边界元新途径真正考虑了多项奇异阶的贡献。又相对近年来的杂交有限元计算方法,本文思想仅需在剔除小扇形后的边界上离散求解,计算量较小,并且导致的离散误差也较小。因此,本文边界元法是分析 V 形切口奇异应力场的一种更为精细的新途径。算例结果证明了本文方法的精度高,稳定性好。

# 第8章 结论与展望

## 8.1 结 论

  本文以涂层结构和含 V 形切口结构为研究对象,在全面的文献综述基础上,系统研究了边界元法在计算涂层结构温度场、位移场和应力场时遇到的几乎奇异积分难题的解决方案,将其中的几乎奇异积分转化为了解析运算。针对常规应力边界积分方程几乎奇异积分解析算式中分母阶次过高,从而导致数值计算误差增大的问题,推导了自然应力边界积分方程,降低了几乎奇异积分的阶次。将常规边界元法用于分析 V 形切口结构,推导了 V 形切口边界上边界积分方程的具体列式,运用边界元法一次性地求得了 V 形切口的多阶应力奇性指数。提出了在含 V 形切口结构的切口尖端挖去一扇形应力奇异区域,将该区域内的应力采用渐近级数表达,在剩余结构运用常规边界元法,两者组合准确求解了 V 形切口应力强度因子的全新思想。本文的主要研究成果有:

  1)文章剖析了常规边界元法分析涂层结构温度场时产生几乎奇异积分的原因。提出了采用多域边界元法分析涂层结构,将基体和涂层分成不同的子域,在基体域中运用普通的 Gauss 积分,在涂层域中使用几乎奇异积分的解析算法,使得边界元法可以成功分析涂层结构的温度场,计算了各向同性和正交各向异性涂层结构内的温度场和温度梯度。本文方法理论上可以计算无限薄涂层内的温度参量,但由于数值计算截断误差影响,涂层非常薄时计算也将失效。若采用字节长度更长的程序语言编制,则本文方法可适用于更加薄的结构。

2) 研究了常规边界元法分析二维涂层结构弹性力学问题时遇到的几乎奇异积分问题。引入几乎奇异积分的正则化算法,使得边界元法可以有效分析涂层结构内的位移场和应力场,拓展了边界元法在涂层结构类构件中的应用,使边界元法可以充分发挥计算量小的优势来分析涂层结构。运用本文方法计算了赫兹压力下涂层构件内的应力分布,探讨了涂层厚度和涂层/基体弹性模量比对涂层结构表面层应力的影响;计算了浅表面裂纹的应力强度因子;分析了碳纤维布加固钢结构的强度。

3) 研究了三维薄形层合结构边界元法中几乎奇异积分的处理。针对三维边界元法中几乎奇异面积分问题,对一个变量施用分部积分法将几乎强奇异和超奇异面积分转化为沿单元围道的一系列线积分计算,该算法使得边界元法不仅可以计算更加靠近边界的各层内点力学参量,而且能分析层厚更薄的三维薄形层合结构的位移场和应力场。

4) 由于常规应力边界积分方程中存在几乎超奇异积分,若直接将其解析化,则解析公式中分母阶次太高,数值计算仍然不能获得离边界很近的内点的应力值。本文提出同时计算几乎强奇异积分和几乎超奇异积分的思想,推导出了内点应力的自然边界积分方程,仅含有几乎强奇异积分,再对其施以解析化算法,可以计算离边界更近的内点应力值。后又将该方法推广到热弹性力学和弹性力学多域边界元法中。

5) 常规边界元法是在切口尖端细分单元,利用计算得到的应力场或位移场来分析 V 形切口应力奇性指数,计算量大且精度不高。鉴于此,本文基于线弹性力学理论,提出将 V 形切口尖端的位移和面力按级数近似展开,后代入到常规的边界元法中,离散后转换成关于切口奇性指数的特征方程,利用 QR 法求解获得 V 形切口的应力奇性指数。该法避免了在切口尖端布置细密单元,并可同时求出多阶应力奇性指数。

6) 数值计算 V 形切口应力强度因子时,人们试图在切口尖端处构造一个奇异元模拟奇异应力场,由于多重应力奇异性并存,这种方法未获成功。本文提出把含 V 形切口结构分成围绕切口尖端的小扇形和剩余结构两部分。将小扇形弧线边界上的位移和面力表示成有限个奇性指数和特征角函数的线性组合,在挖去小扇形后的剩余结构内建立边界积分方程。将位移和面力线性组合与边界积分方程联立,求解获得线性组合系数以及含切口结构的应力场和位移场,由组合系数可以求出 V 形切口的多阶应力强度因子。该法物理意义明晰,可以同时求解出多重应力强度因子。而后又被推广到计算粘结材料 V 形切口应力强度因子。算例表明此法计算量小,精度高。

# 8.2 展 望

本文利用边界元法分析了涂层结构内的物理场和 V 形切口尖端的奇异应力场。涂层结构中几乎奇异积分的攻克,使得边界元法可以发挥计算量小、精度高的优势来分析涂层结构。自然应力边界积分方程的建立使得边界元法可以计算更加靠近边界的内点应力。V 形切口的边界元分析法,可以获取切口尖端的多重应力奇性指数和应力强度因子,并能求得切口尖端附近准确的奇异应力场。这些都为涂层结构和 V 形切口强度、寿命的预测提供了参考依据。回首本文研究过程,发现还有以下工作亟待完善与解决:

1)由于边界元法系统方程矩阵为非对称满阵,限制了分析问题的自由度,这是边界元法应用的一个瓶颈。因而本文所分析的涂层结构中涂层的层数仅有 2 到 3 层。最近发展起来的快速多极边界元法可以大大提高计算问题的自由度。因此,联合几乎奇异积分的解析算法和快速多极边界元法,可以分析多层涂层结构,譬如功能梯度涂层等。

2)当涂层非常薄,特别是达到纳米量级时,而基体是宏观尺寸,这是典型的多尺度问题,本文没有考虑多尺度效应。如何建立一套有效的多尺度关联分析方法求解从宏观到微观问题是值得探讨的课题,目前已提出了多尺度有限元法,而多尺度边界元法,据作者所知,尚未起步。

3)对含 V 形切口结构,本文方法已能精确计算切口尖端附近的奇异应力场,根据该奇异应力场来判断切口的失稳乃至裂纹的萌生扩展,进行切口强度评价,有待继续研究。

4)本文讨论的 V 形切口应力强度因子的计算是针对各向同性材料进行

的,这种方法可以推广应用到正交各向异性材料和完全各向异性材料 V 形切口问题。

5)本文是基于线弹性理论对 V 形切口进行分析,脆性—粘塑性—弹塑性材料的 V 形切口和结合界面的断裂问题及相应的边界元方法值得进一步研究。

# 参考文献

［1］Klod Kokini，Anuradha Banerjee，Thomas A. Taylor. Thermal fracture of interfaces in precracked thermal barrier coatings ［J］. Materials Science and Engineering A，2002，323：70—82.

［2］许金泉. 界面力学 ［M］. 北京：科学出版社，2006.

［3］He Yedong，Li Dezhi，Wang Deren，et al. Corrosion resistance of Zn—Alco—cementation coatings on carbon steels ［J］. Materials Letters，2002，56：554—559.

［4］Rout TK，Jha G，Singh AK，et al. Development of conducting polyaniline coating：a novel approach to superior corrosion resistance ［J］. Surface and Coatings Technology，2003，167：16—24.

［5］Gabriella Lendvay—Gyórik，Tamás Pajkossy，Béla Lengyel. Corrosion—protection properties of water—borne paint coatings as studied by electrochemical impedance spectroscopy and gravimetry ［J］. Progress in Organic Coatings，2006，56：304—310.

［6］Prengel HG，Santhanam AT，Penich RM，etal. Advanced PVD—TiAlN coatings on carbide and cermet cutting tools ［J］. Surface and Coatings Technology，1997，91—95：597—602.

［7］Peng Zhijian，Miao Hezhuo，Qi Longhao，etal. Hard and wear—resistant titanium nitride coatings for cemented carbide cutting tools by pulsed high energy density plasma ［J］. Acta Materialia，2003，51：3085—3094.

［8］Salwar M，Zhang Xiyang，Gillibrand D. Performance of titanium nitride—coated carbide—tipped circular saws when cutting stainless steel and mild steel [J]. Surface and Coatings Technology, 1997, 94－95：617－631.

[9] 唐达培，高庆，江晓禹. 氮碳化钛涂层的结构性能及结合强度 [J] . 表面技术，2004, 33(4)：13－15.

[10] 薛宏国，孙方宏，马玉平等. 高性能超细晶粒金刚石涂层刀具制备及试验研究 [J]. 人工晶体学报，2006, 35(6)：1251－1256.

[11] Lu FX，Tang WZ，Tong YM etal. Novel pretreatment of hard metal substrate for better performance of diamond coated cutting tools [J]. Diamond & Related Materials，2006, 15：2039－2045.

[12] Celik E，Avci E，Yilmaz F. Evaluation of interface reactions in thermal barrier ceramic coatings [J]. Surface and Coating Technology, 1997, 97：361－365.

[13] 李保岐，段绪海. 二氧化锆热障涂层在航空发动机上的应用 [J]. 航空工艺技术，1999, 3：33－34, 47.

[14] Cao XQ，Vassen R，Stoever D. Ceramic materials for thermal barrier coatings [J]. Journal of the European Ceramic Society, 2004, 24：1－10.

[15] Amol Jadhav，Nitin P Padture，Fang Wu，etal. Thick ceramic thermal barrier coatings with high durability deposited using solution－precursor plasma spray [J]. Materials Science and Engineering A，2005, 405：313－320.

[16] 马红玉，张嗣伟. 金属基复合材料涂层摩擦学的研究进展 [J]. 中国表面工程，2005, 1：8－15.

[17] Philippe Hivart，Jacques Crampon. Interfacial indentation test and adhesive fracture characteristics of plasma sprayed cermets Cr3C2/Ni－Cr coatings [J]. Mechanics of Materials，2007, 39：998－1005.

[18] Rebouta L，Tavares C，Aimo R，etal. Hard nanocomposite Ti－Si－N coatings prepared by DC reactive magnetron sputtering [J]. Surface and Coatings Technology，2000, 133：234－239.

[19] Hafiz J，Wang X，Mukherjee R，etal. Hypersonic plasma parti-

cle deposition of Si—Ti—N nanostructured coatings [J]. Surface and Coatings Technology, 2004, 188—89: 364—370.

[20] Gyftou P, Stroumbouli M, Pavlatou E A, etal. Tribological study of Ni matrix composite coatings containing nano and micro SiC particles [J]. Electrochimica Acta, 2005, 50: 4544— 4550.

[21] Hirai H, Chen L. Recent and prospective development of FGM inJapan [J]. Materials Science Forum, 1999, 308: 509—514.

[22] Chen G, Feng Z, Liang Y. Formation mechanism of laser—clad gradient thermal barrier coatings [J]. Transaction Nonferrous Metal Society China, 2000, 10(1): 92—93.

[23] Dahan, UA dmon, Frage N, Sariep J, etal. The development of a functionally graded TiC/Ti multilayer hard coating [J]. Surface and Coatings Technology, 2001, 137: 111—115.

[24] Brookes KJA. Hard metal coatings and FGMs continue advance [J]. Metal Powder Report, 2000, 55 (4): 16—20.

[25] Walter Lengauer, Klaus Dreyer. Functionally graded hardmetals [J]. Journal of Alloys and Compounds, 2002, 338: 194—212.

[26] Chi S, Chung YL. Cracking in coating—substrate system with multi—layered and FGM coatings [J]. Engineering Fracture Mechanics, 2003, 70 (10): 1227—1243.

[27] Huang Ganyun, Wang Yuesheng, Yu Shouwen. A new model for fracture analysis of functionally graded coatings under plane deformation [J]. Mechanics of Materials, 2005, 37: 507—516.

[28] Kashtalyan M, Menshykova M. Three—dimensional elastic deformation of a functionally graded coating/substrate system [J]. International Journal of Solids and Structures, 2007, 44: 5272—5288.

[29] özel A, Ucar V, Mimaroglu A, etal. Comparison of the thermal stresses developed in diamond and advanced ceramic coating systems under thermal loading [J]. Materials and Design, 2000, 21: 437—440.

[30] Planche MP, Liao H, Coddet C. Relationships between in—

flight particle characteristics and coating microstructure with a twin wire arc spray process and different working conditions [J]. Surface and Coatings Technology, 2004, 182: 215—226.

[31] 邓迟, 张亚平, 高家诚等. 激光熔覆生物陶瓷涂层温度场的数值模拟 [J]. 材料科学与工程学报, 2003, 21(4): 503—506.

[32] 王桂兰, 胡帮友, 严波. 三维等离子喷涂的涂层生长过程温度场数值模拟 [J]. 固体力学学报, 2005, 26(2): 151—156.

[33] 蔚晓嘉, 赫虎在, 薛锦. 涂层感应重熔的电磁场与温度分布 [J]. 西安交通大学学报, 1996, 30(7): 112—115,122.

[34] 应丽霞, 王黎钦, 陈观慈等. 3D激光熔覆陶瓷—金属复合涂层温度场的有限元仿真与计算 [J]. 金属热处理, 2004, 29(7): 24—28.

[35] Skrzypczak M, Bertrand P, Zdanowski J, etal. Modeling of temperature fields in the graphite target at pulsed laser deposition of $CN_x$ films [J]. Surface and Coatings Technology, 2001, 138: 39—47.

[36] Fang Du, Michael R, Lovell Tim W Wu. Boundary element method analysis of temperature fields in coated cutting tools [J]. International Journal of Solids and Structures, 2001, 38: 4557—4570.

[37] 贾庆莲, 周兰英, 周焕雷. TiN涂层高速钢刀具耐热性的研究 [J]. 工具技术, 2003, 37(1): 23—25. (Jia Qinglian, Zhou Lanying, Zhou Huanlei. Study on heat resistance of TiN coated HSS tools [J]. Tool Engineering, 2003, 37(1): 23—25. (in Chinese))

[38] 杨晓光, 耿瑞. 带热障涂层导向器叶片二维温度场及热应力分析 [J]. 航空动力学报, 2002, 17(4): 432—436. (Yang Xiaoguang, Gen Rui. The analysis of 2D temperature and thermal stress of TBC—coated turbine vane [J]. Journal of Aerospace power, 2002, 17(4): 432—436. (in Chinese))

[39] 程长征, 牛忠荣, 周焕林等. 各向同性涂层构件的温度场计算 [J]. 固体力学学报, 2005, 26, S. Issue: 124—126.

[40] Hu SY, Li YL, Munz D, etal. Thermal stresses in coated structures [J]. Surface and Coatings Technology, 1998, 99: 125—131.

［41］王保林，韩杰才，杜善义．热冲击作用下基底/涂层结构的应力分析及结构优化［J］．复合材料学报，1999，16(1)：125－130．

［42］Li Liang，Zhang Liangying，Yao Xi，etal．Computer simulation of temperature field of multilayer pyroelectric thin film IR detector［J］．Ceramics International，2004，30：1847－1850．

［43］谢贻权，林钟祥，丁皓江．弹性力学［M］．杭州：浙江大学出版社，1988．

［44］Shi Z，Ramalingam S．Thermal and mechanical stresses in transversely isotropic coatings［J］．Surface and Coatings Technology，2001，138：173－184．

［45］张永康，孔德军，冯爱新等．涂层界面结合强度检测研究(I)：涂层结合界面应力的理论分析［J］．物理学报，2006，55(6)：2897－2900．

［46］郭乙木，蓝伟明．表面涂层系统与基底结合的一种解析分析方法［J］．工程设计，2001，4：165－167．

［47］吴臣武，陈光南，张坤等．涂层/基体体系的界面应力分析［J］．固体力学学报，2006，27(2)：203－206．

［48］Ollendorf H，Schneider D．A comparative study of adhesion test methods for hard coatings［J］．Surface and Coating Technology，1999，113：86－102．

［49］胡传炘，宋幼慧．涂层技术原理及应用［M］．北京：化学工业出版社，2000．(Hu Chuanxin，Song Youhui．Principium of coating technology and its application［M］．Beijing：Chemical Industry Press，2000．(in Chinese))

［50］Youtsos AG，Kiriakopoulos M，Timke TH．Experimental and theoretical/numerical investigations of thin films bonding strength［J］．Theoretical and Applied Fracture Mechanics，1999，31：47－59．

［51］Qi ZM，Amada S，Akiyama S，etal．Evaluation of thermal shock strength of thermal－sprayed coatings by the laser irradiation technique［J］．Surface and Coatings Technology，1998，110：73－80．

［52］Dharma Raju T，Keijiro Nakasa，Masahiko Kato．Relation between delamination of thin films and backward deviation of load—displacement curves under repeating nanoindentation [J]. Acta Materialia, 2003, 51: 457—467.

[53] Dharma Raju T, Masahiko Kato, Keijiro Nakasa. Backward deviation and depth recovery of load—displacement curves of amorphous SiC film under repeating nanoindentation [J]. Acta Materialia, 2003, 51: 3585 —3595.

[54] Hirakara H, Kitamura T, Yamamoto Y. Evaluation of interface strength of micro—dot on substrate by means of AFM [J]. International Journal of Solids and Structures, 2004, 41: 3243—3253.

[55] Shang F, Kitamura T, Hirakara H, etal. Experimental and theoretical investigations of delamination at free edge of interface between piezoelectric thin films on a substrate [J]. International Journal of Solids and Structures, 2005, 42: 1729—1741.

[56] 于秦, 许金泉. 薄膜涂层材料界面纯剪切破坏标准试验法的开发 [J]. 力学季刊, 2005, 26(4): 618—622.

[57] 邱长军, 周伟, 何彬等. 高强度涂层结合性能的试验研究及有限元分析 [J]. 焊接学报, 2006, 27(4): 105—107.

[58] 张国祥, 张坤, 陈光南等. 评价强界面涂层界面结合能力的横截面压入法 [J]. 表面技术, 2006, 35(6): 1—4.

[59] Wang Jiansheng. Toughness and adhesion of ceramic coatings [J]. Translations of Metal Treatment, 2000, 21(2): 24—35.

[60] 杨仲略, 汪复兴, 程荫芊. 真空熔烧 Ni 基合金涂层的力学性能研究 [J]. 清华大学学报, 1999, 39(8): 1—4.

[61] 马维, 潘文霞, 张文宏等. 热喷涂涂层中残余应力分析和检测研究进展 [J]. 力学进展, 2002, 32(1): 41—56.

[62] Williamson RL, Rabin BH, Drake JT. Finite element analysis of thermal residual stresses at graded ceramic metal interface, Part I: model description and geometrical effects [J]. Journal of Applied Physics, 1993, 74(2): 1310—1320.

［63］Bouzakis KD，Vidakis N. Prediction of the fatigue behavior of physically vapor deposited coating in the ball－on－rod rolling contact fatigue test，using an elastic－plastic finite elements method simulation ［J］. Wear，1997，206：197－203.

［64］张榕京，黄晨光，段祝平. 含 FGM 的涂层结构中热残余应力的分析与优化 ［J］. 工程力学，2001，18(2)：99－105.

［65］Dobrzański LA，Śliwa A，Kwaśny W. Employment of the finite element method for determining stresses in coatings obtained on high－speed steel with the PVD process ［J］. Journal of Materials Processing Technology，2005，164－165：1192－1196.

［66］José A. González，Ramón Abascal. Efficient stress evaluation of stationary viscoelastic rolling contact problems using the boundary element method：Application to viscoelastic coatings ［J］. Engineering Analysis with Boundary Elements，2006，30：426－434.

［67］Komovopoulus K. Finite element analysis of a layered elastic solid in normal contact with a rigid substrate ［J］. Journal of Tribology，1988，110 (3)：477－485.

［68］Tian H，Saka N. Finite element analysis of an elastic－plastic two－layered half－space：sliding contact ［J］. Wear，1991，148：262－285.

［69］Diaod K. Interface yield map of a hard coating under sliding contact ［J］. Thin Solid Films，1994，245：115－12l.

［70］潘新祥，徐久军，严立. 多层表面膜在滑动接触时的弹塑性有限元分析 ［J］. 中国表面工程，1998，4：10－14.

［71］Houmid Bennani H，Takadoum J. Finite element model of elastic stresses in thin coatings submitted to applied forces ［J］. Surface and Coatings Technology，1999，111：80－85.

［72］Diao DF，Ito K. Local yield map and elastic－plastic deformation map of hard coating with lubricative particles under sliding ［J］. Surface and Coatings Technology，1999，115：193－200.

[73] Schwarzer N，Richter F，Hecht G. The elastic field in a coated half—space under Hertzian pressure distribution [J]. Surface and Coatings Technology，1999，114：292—304.

[74] 赵希淑，张双寅，吴永礼. 梯度涂层材料中裂纹问题的非均匀元分析 [J]. 工程力学，2002，19(4)：118—122.

[75] 鄢建辉，汪久根，蔡振慧. 单层涂层最佳厚度的有限元分析 [J]. 机械设计，2004，21(1)：7—10.

[76] Njiwa RK，Consiglio R，J von Stebut. Boundary element modeling of a coating—substrate composite under an elastic，Hertzian type pressure field：cylinder on flat contact geometry [J]. Surface and Coatings Techno logy，1998，102：138—147.

[77] Njiwa RK，Stebut J von. Boundary element numerical modeling as a surface engineering tool：application to very thin coatings [J]. Surface and Coatings Technology，1999，116—119：573— 579.

[78] Saizonou C，Njiwa R K，Stebut J von. Surface engineering with functionally graded coatings：a numerical study based on the boundary element method [J]. Surface and Coatings Technology，2002，153：290—297.

[79] 董曼红，陆山. 带热障涂层构件界面应力分析边界元法 [J]. 机械强度，2003，25(2)：154—158.

[80] 叶碧泉，羿旭明，靳胜勇等. 用界面单元法分析复合材料界面力学性能 [J]. 应用数学和力学，1996，17(4)：343—348.

[81] 牛忠荣，王秀喜，周焕林. 边界元法中计算几乎奇异积分的一种无奇异算法. 应用力学学报，2001，18 (4)：1—8.

[82] Huang CS. Stress singularities at angular corners in first—order shear deformation plate theory [J]. International Journal of Mechanical Sciences，2003，45：1—20.

[83] Munz D，Yang YY. Stresses near the edge of bonded dissimilar materials described by two Stress intensity factors [J]. International Journal of Fracture，1993，60 (2)：169—177.

［84］Chen DH，Harada K. Stress singularities for crack normal to and terminating at bimaterial interface on orthotropic half—plates ［J］. International Journal of Fracture，1996，81：147—162.

［85］许金泉，王效贵，刘一华. 振荡应力奇异性及其强度系数的数值分析方法 ［J］. 力学季刊，2000，21(3)：230—236.

［86］Williams ML. Stress singularities resulting from various boundary conditions in angular corners of plates in extension ［J］. Journal of Applied Mechanics，1952，19(4)：526—528.

［87］England AH. On stress singularities in linear elasticity ［J］. International Journal of Engineering Science，1971，9：571—585.

［88］Fan Zhong，Long Yuqiu. Sub—region mixed finite element analysis of V—notched plates ［J］. International Journal of Fracture，1992，56：333—344.

［89］徐永君，袁驷. 多材料反平面断裂问题特征值的超逆幂迭代求解 ［J］. 固体力学学报，1997，18(4)：290—294.

［90］傅向荣，龙驭球. 解析试函数法分析平面切口问题 ［J］. 工程力学，2003，20(4)：33—38.

［91］徐永君，袁驷，柳春图. 二维切口问题完备特征解的研究现状与进展 ［J］. 力学进展，2000，30(2)：216—226.

［92］牛忠荣，葛大丽，程长征等. 用插值矩阵法计算双材料平面V形切口奇异阶 ［J］. 中国科技论文在线，2007，200703—79.

［93］牛忠荣. 多点边值问题的插值矩阵法及其误差分析 ［J］. 计算物理，1993，10(3)：336—344.

［94］Yao XF，Ye HY，Xu W. Fracture investigation at V—notch tip using coherent gradient sensing (CGS) ［J］. International Journal of Solids Structures，2006，43：1189—1200.

［95］Prassianakis JN，Theocaris PS. Stress intensity factors of V—notched elastic，symmetrically loaded，plates by method of caustics ［J］. Journal of Physics D：Applied Physics，1990，13：1043—1053.

［96］Kondo T，Kobayashi M，Sekine H. Strain gage method for determining stress intensities of sharp－notched strips ［J］. Experimental Mechanics，2001，41（1）：1－7.

［97］亢一澜. 界面力学若干问题的实验研究［J］. 力学与实践，1999，21（3）：9－15，8.

［98］Gross B. Plane elastistatic analysis of V－notched plate ［J］. International Journal of Fracture Mechanics，1972，8：67－76.

［99］Chen DH. Stress intensity factors for V－notched strip under tension or in－plane bending ［J］. International Journal of Fracture，1995，70：81－97.

［100］Yakobori T，Kamei A，Konosu SA. Criterion for low stress brittle fracture of notched specimens based on combined micro and macro fracture with notches ［J］. Engineering Fracture Mechanics，1976，8：397－409.

［101］Seweryn A. Brittle fracture criterion for structure with sharp notches ［J］. Engineering Fracture Mechanics，1994，47：673－681.

［102］Gross B，Srawley JE，Brown WF. Stress intensity factors for a singular－edge－notch tension specimen by boundary collocation ［J］. NASA TN D－2395，1964.

［103］Gross B，Mendelson A. Plane elastic analysis of V－notched plates ［J］. International Journal of Fracture Mechanics，1972，8：267－276.

［104］Carpenter WC. The eigenvector solution for a general corner or finite opening crack with further studies on the collocation procedure ［J］. International Journal of Fracture，1985，27：63－74.

［105］Yamada Y，Okumura H. Finite element analysis of stress and strain singularity eigenstate in homogenous media or composite materials ［M］. In：Atluri SN，Gallagher RH，Zienkiewicz OC，eds. Hybrid and Mixed Finite Methods，1983：325－343.

［106］Sukumar N，Kumosa M. Application of the finite element iterative method to cracks and sharp notches in orthotropic media ［J］. International Journal of Fracture，1992，58：177－192.

［107］Gu L，Belytschko T. A numerical study of stress singularities in a two－materical wedge ［J］. International Journal of Solids Structures，1994，31：865－889.

［108］王效贵，郭乙木，许金泉. 与界面相交的裂纹尖端的应力奇异性分析 ［J］. 固体力学学报，2002，23(4)：412－418.

［109］平学成，陈梦成. 楔形体尖端近似场的非协调元有限元特征法 ［J］. 华东交通大学学报，2001，18：6－11.

［110］陈梦成，姜美，朱剑军. 复合压电材料尖劈端部奇性问题有限元分析 ［J］. 华东交通大学学报，2004，21(1)：1－7.

［111］Stern M，Becker EB，Dunham RS. A contour integral computation of mixed－mode stress intensity factors ［J］. International Journal of Fracture，1976，12：359－368.

［112］Carpenter WC. Calculation of fracture mechanics parameters for a general corner ［J］. International Journal of Fracture，1984，24：45－48.

［113］杨晓翔，毛银洁，匡震邦. V 型切口的断裂研究 ［J］. 固体力学学报，1996，17：353－359.

［114］Sinclair GB，Okajima M，Griffin JH. Path independent integrals for computing stress intensity factors at sharp notches in elastic plates ［J］. International Journal for Number Method in Engineering，1984，20：999－1008.

［115］Rzasnicki W，Mendelson A，Albers LU. Application of boundary integral method to elastoplastic analysis of V－notched beams ［J］. International Journal of Fracture，1975，11：329－342.

［116］Tan CL，Gao YL，Afagh FF. Boundary element analysis of interface cracks between dissimilar anisotropic materials ［J］. International Journal of Solids and Structures，1992，29(24)：3201－3220.

［117］宋莉，黄松梅. 用边界元法计算 V 形切口的应力强度因子 ［J］. 陕西水力发电，1993，9(4)：29－33.

［118］张永元，阮国华. 表面钝裂纹的计算模型及其边界元法模拟 ［J］

. 应用力学学报，1995，12(1)：25—32.

[119] 邓宗才，徐佐霞．用杂交元法计算 V 形切口问题的应力强度因子 [J]．山东建材学院学报，1996，10(1)：50—45.

[120] Chen DH，Nisitani H．Singular stress field near the corner of jointed dissimilar material [J]．Journal of Applied Mechanics，1993，60：607—613.

[121] Bogy DB．Two edge bonded elastic wedges of different materials and wedge angles under surface tractions [J]．Journal of Applied Mechanics，1971，38：377—389.

[122] Kubo S，Ohji K．Geometrical conditions of no free—edge stress singularity in edge bonded elastic dissimilar wedges [M]．Translation of JSME，1991，A57—535：632—639.

[123] 许金泉，金烈侯，丁浩江．双材料界面端附近的奇异应力场 [J]．上海力学，1996，17(2)：104—110.

[124] 简政，黄松海，胡黎明．双材料 V 形切口应力强度因子计算及其在重力坝中的应用 [J]．水利学报，1998，(6)：77—81.

[125] Gao Yuli，Lou Zhiwen．Mixed mode interface crack in a pure power—hardening bimaterial [J]．International Journal of Fracture，1990，43：241—256.

[126] Wang TC．Elastic—plastic asymptotic fields for cracks on bimaterial interfaces [J]．Engineering Fracture Mechanics，1990，37：527—538.

[127] Yang S，Chao YJ．Asymptotic deformation and stress fields at the tip of a sharp notch in as elastic—plastic material [J]．International Journal Fracture，1992，54：211—224.

[128] Kuang ZB，Xu XP．Analysis of elastoplastic sharp notches [J]．International Journal of Fracture，1987，1：39—53.

[129] 李有堂，剡昌峰，郑克宇．V 型切口尖端的弹塑性应力奇异性问题 [J]．甘肃工业大学学报，2002，28(3)：125—128.

[130] 傅列东，许金泉．界面端弹塑性应力奇异性的迭代计算方法 [J]

．浙江大学学报，2001，35(6)：689－694.

[131] 傅列东，许金泉，郭乙木．不同硬化指数的幂次硬化结合材料的界面端奇异性分析 [J]．力学季刊，2000，21(4)：503－507.

[132] Xia L，Wang TC．Singular near the tip of a sharp V－notch in a power law hardening material [J]．International Journal of Fracture，1993，59：83－93.

[133] Xia Yuanming，Rao Shiguo，Yang Baochang．A novel method for measuring plane stress dynamic fracture toughness [J]．Engineering Fracture Mechanics，1994，48(1)：17－24.

[134] 饶世国，夏源明．双边切口薄板小试件动态弹塑性有限元分析 [J]．力学学报，1995，27(2)：232－238.

[135] Somaratna N，Ting TCT．Three－dimensional stress singularities at conical notches and inclusions in transversely isotropic materials [J]．Journal of Applied Mechanics，1986，53：89－96.

[136] Wu KC，Chen CT．Stress analysis of anisotropic elastic V－notched bodies [J]．International Journal of Solids and Structures，1996，33：2403－2416.

[137] Pageau SS，Jpseph PF，Biggers SB．Finite element analysis of anisotropic materials with singular stress fields in plane stress fields [J]．International Journal of Solids and Structures，1995，32：571－591.

[138] Pageau SS，Biggers SB．A finite element approach to three－dimensional singular stress states in anisotropic multi－material wedges and junctions [J]．International Journal of Solids and Structures，1996，33(1)：33－47.

[139] Delale F，Erdogan F，Bodurogul H．Stress singularities at the vertex of a cylindrically at isotropic wedge [J]．International Journal of Fracture，1982，19：247－256.

[140] Delale F．Stress singularities in bonded anisotropic materials [J]．International Journal of solids and Structures，1984，20：31－40.

[141] Chen HP．Stress singularities in anisotropic multi－material

wedges and junctions [J]. International Journal of Solids and Structures, 1998, 11: 1057—1073.

[142] 平学成, 谢基龙, 陈梦成等. 各向异性两相材料尖劈奇性场的非协调元分析 [J]. 力学学报, 2005, 37(1): 24—31.

[143] Ting TCT, Hoang PH. Singularities at the tip of a crack normal to the interface of an anisotropic layered composite [J]. International Journal of Solids and Structures, 1984, 20: 439—454.

[144] Beom HG, Atluri SN. Near—tip fields and intensity factors for interfacial cracks in dissimilar anisotropic piezoelectric media [J]. International Journal of Fracture, 1996, 75: 163—183.

[145] Sosa HA, Pak YE. Three—dimensional eigenfunction analysis of a crack in a piezoelectric material [J]. International Journal of Solids and Structures, 1990, 26: 1—15.

[146] Kwon JH, Lee KY. Electro—mechanical analysis of an interfacial crack between a piezoelectric and two orthotropic layers [J]. Archive of Applied Mechanics, 2001, 71: 841— 851.

[147] Ueda S. The mode I crack problem for layered piezoelectric plates [J]. International Journal of Fracture, 2002, 114: 63—86.

[148] Wang JG, Fang SS, Chen LF. The state vector methods for space axisymmetric problems in multilayered piezoelectric media [J]. International Journal of Solids and Structures, 2002, 39: 3959—3970.

[149] Xu XL, Rajapakse Rond. On singularities in composite piezoelectric wedges and junctions [J]. International Journal of Solids and Structures, 2000, 37: 3253—3275.

[150] 陈梦成, 平学成, 朱剑军. 压电材料中切口/接头端部平面电弹性场奇异性有限元分析 [J]. 固体力学学报, 2005, 26(2): 157—162.

[151] Chue CH, Chen CD. Decoupled formulation of piezoelectric elasticity under generalized plane deformation and its application to wedge problems [J]. International Journal of Solids and Structures, 2002, 39: 3131—3158.

参考文献

[152] 王效贵，许金泉. 特征值为二重根的压电材料异材界面端奇异性 [J]. 力学季刊，2001，22(1)：55—61.

[153] 杨新华，冯伟干，陈传尧. 压电薄板切口尖端前沿力电损伤场分析 [J]. 应用力学学报，2006，23(1)：21—25.

[154] Madhukar Vable，JaiHind Reddy Maddi. Boundary element analysis of adhesively bonded joints [J]. International Journal of Adhesion & Adhesives，2006，26：133—144.

[155] Seweryn A. Modeling of singular stress fields using finite element method [J]. International Journal of Solids and Structures，2002，39：787—804.

[156] Williams ML. On the stress distribution at the base of stationary crack [J]. Journal of Applied Mechanics，1957，24：109—114.

[157] Carpinteri A，Paggi M，Pugno N. Numerical evaluation of generalized stress—intensity factors in multi—layered composites [J]. International Journal of Solids and Structures，2006，43：627—641.

[158] Chen MC，Sze KY. A novel finite element analysis of biomaterial wedge problems [J]. Engineering Fracture Mechanics，2001，68：1463—1476.

[159] 平学成，陈梦成，谢基龙. 各向异性复合材料尖劈和接头的奇性应力指数研究 [J]. 应用力学学报，2004，21(3)：27—32.

[160] 杨新华，陈传尧，胡元太等. 压电切口张开角和深度对其尖端力电损伤场的影响 [J]. 固体力学学报，2005，26(3)：359—364.

[161] Gómez FJ，Elices M. Fracture of components with V—shaped notches [J]. Engineering Fracture Mechanics，2003，70：1913—1927.

[162] Lazzarin P，Filippi S. A generalized stress intensity factor to be applied to rounded V—shaped notches [J]. International Journal of Solids and Structures，2006，43：2461—2478.

[163] Ma S，Zhang XB，Recho N，etal. The mixed—mode investigation of the fatigue crack in CTS metallic specimen [J]. International Journal of Fatigue，2006，28：1780—1790.

[164] Leguillon D，Quesada D，Putot C，etal. Prediction of crack initiation at blunt notches and cavities—size effects [J]. Engineering Fracture Mechanics，2007，74：2420—2436.

[165] DA Anderson，JC Tannehill，RH Pletcher. Computational fluid mechanics and heat transfer [M]. Washington，DC：Hemisphere Press，1984.

[166] 王勖成，邵敏. 有限元法基本原理和数值方法 [M]. 北京：清华大学出版社，1997.

[167] 王有成. 工程中的边界元方法 [M]. 北京：中国水利水电出版社，1996.

[168] Wang Haitao，Yao Zhenhan. Application of a new fast multipole BEM for simulation of 2Delastic solid with large number of inclusions [J]. Acta Mechanica Sinica，2004，20(6)：613—622.

[169] NI Muskhelishvili. Some Basic Problems of the mathematical theory of elasticity [M]. Noordhoff，Gorningen，1953.

[170] OD Kellogg. Foundation of potential theory [M]. Dover，New York，1953.

[171] MAJaswon，AR Ponter. An integral equation solution of the torsion problem [J]. Proc. Roy. Soc. Ser. A，1963，273：237—246.

[172] FJ Rizzo. An integral equation approach to boundary value problems of classical elastostatics [J]. Quarterly of Applied Mathematics，1967，25(1)：83—95.

[173] TA Cruse. Numerical solutions in three dimensional elastostatics [J]. International Journal of Solids and Structures，1969，5：1259—1274.

[174] TA Cruse，W VanBuren. Three—dimensional elastic stress analysis of a fracture specimen with an edge crack [J]. International Journal of Fracture Mechanics，1971，7(1)：1—15.

[175] JL Swedlow，TA Cruse. Formulation of boundary integral equations for three— dimensional elasto—plastic flow [J]. International

Journal of Solids and Structures，1971，7：1673—1683.

[176] CA Brebbia，J Dominguez. The boundary element method for potential problems [J]. Applied Mathematical Modeling，1977，1(7)：372 —378.

[177] CA Brebbia. The boundary element method for Engineers [M]. Plymouth：Pentech Press，1978.

[178] Du Qinghua，Cen Zhangzhi and Lu Xilin. Some recent investigation on linear elastic and inelastic problems for solid mechanics by boundary element method [C]. Proceedings of the International conference，Beijing，China，14—17 Oct. ，1986：3—18.

[179] Cruse TA. Recent advances in boundary element analysis methods [J]. Computer Methods in Applied Mechanics and Engineering，1987，62：227—244.

[180] YX Mukherjee，S Mukherjee. The boundary node method for potential problems [J]. International Journal for Numerical Methods in Engineering，1997，40：797—815.

[181] S Mukherjee，YX Mukherjee. The hypersingular boundary contour method for three—dimensional linear elasticity [J]. ASME Journal of Applied Mechanics，1998，65：300—309.

[182] 王有成，李洪求，陈海波等. 奇性校正特解场法计算任意点应力和位移 [J]. 力学学报，1994，26(2)：222—231.

[183] Zhang JM，Yao ZH. A hybrid boundary node method [J]. International Journal for Numerical Methods in Engineering，2002，53：751 —763.

[184] 余德浩. 自然边界积分方程及相关计算方法 [J]. 燕山大学学报，2004，28(2)：11—113.

[185] 刘朝霞，吴声昌，常谦顺等. 特解边界元法数值解三维 Pennes 方程及其应用 [J]. 计算物理，2001，18(5)：473—476.

[186] S Nakagiri，K Suzuki，T Hisada. Stochastic boundary element method applied to stress analysis [J]. Boundry Element（Eds. C. A.

Brebbia），Springer－Verlag，Berlin，1983，439－448.

［187］Ren YJ，Jiang AM，Ding HJ. Stochastic boundary element method in elasticity ［J］. Acta Mechanica Sinica，1993，9(4)：320－328.

［188］Hironobu N. The two－dimensional stress problem solved using an electric digital computer ［J］. Bulletin of JSME，1968，11：14－23.

［189］M Bonnet，G Maier，C Polizzotto. Symmetric Galerkin boundary element methods ［J］. Applied Mechanics Review，1998，51(11)：669－704.

［190］Theodore V，Hromadka II. The complex variable boundary element method ［M］. Berlin；New York：Springer－Verlag，1984.

［191］Pin Lu，O Mahrenhotz. An modified variational boundary element formulation of BEM for elasticity ［J］. Mechanics Research Communications，1993，20(5)：425－429.

［192］JT Chen，HK Hong. Review of dual BEM with emphasis on hyper－singular integrals and divergent series ［J］. Applied Mechanics Review，1999，52(1)：17－33.

［193］Brebbia CA，Nardini D. Dynamic analysis in solid mechanics by an alternative boundary element procedure ［J］. Soil Dynamics and Earthquake Engineering，1983，2：228－233.

［194］Partheymuller P，Bialecki RA，Kuhn G. Self－adapting algorithm for evaluation of weakly singular integrals arising in the BEM ［J］. Engineering Analysis with Boundary Elements，1994，14(3)：285－292.

［195］YJ Liu. Analysis of shell－like structures by the boundary element method based on 3－D elasticity：formulation and verification ［J］. International Journal for Numerical Methods in Engineering，1998，41(3)：541－558.

［196］YJ Liu. On the simple－solution method and non－singular nature of the BIE/BEM－ a review and some new results ［J］. Engineering Analysis with Boundary Elements，2000，24：789－795.

［197］Jin WG，Cheng YK，Zienkiewicz OC. Solution of Helmholtz equation by Trefftz method [J]. International Journal for Numerical Method in Engineering, 1991, 32, 63—79.

[198] HB Chen, P Lua, MG Huang, etal. An effective method for finding values on and near boundaries in the elastic BEM [J]. Computers and Structures, 1998, 69: 421—431.

[199] V Sladek, J Sladek. Non—singular boundary integral representation of stresses [J]. International journal for numerical methods in engineering, 1992, 33: 1481—1499.

[200] V Sladek, J Sladek, M Tanaka. Regularization of hypersingular and nearly singular integrals in the potential theory and elasticity [J]. International journal for numerical methods in engineering, 1993, 36: 1609—1628.

[201] N Ghosh, H Rajiyah, S Ghosh, S Mukherjee. A new boundary element method formulation for linear elasticity [J]. Journal of Applied Mechanics, 1986, 53(1): 69—76.

[202] Niu Zhongrong, Wang Xiuxi, Zhou Huanlin, Zhang Chenli. A novel boundary integral equation method for linear elasticity — natural boundary integral equation [J]. Acta Mechanica Solida Sinica, 2001, 14 (1): 1—10.

[203] 牛忠荣, 程长征, 胡宗军, 周焕林. 自然边界积分方程分析近边界应力分布 [J]. 固体力学学报, 2007, 28 (3): 249—254.

[204] 程长征, 牛忠荣, 杨智勇. 多域自然应力边界积分方程 [J]. 合肥工业大学学报, 2007, 30 (9): 1170—1173.

[205] 程长征, 牛忠荣, 周焕林等. 热应力自然边界积分方程 [J]. 计算物理 (已录用).

[206] Niu Zhongrong, Zhou Huanlin. The natural boundary integral equation in potential problems and regularization of the hypersingular integral [J]. Computers and Structures, 2004, 82: 315—323.

[207] 滕海龙, 牛忠荣, 王秀喜. 弹塑性力学问题的自然边界积分方程 [J]. 中国科学技术大学学报, 2003, 33(3): 292—299.

[208] 牛忠荣，王秀喜，王左辉．弹性理论中几类导数边界积分方程之间的变换关系 [J]．应用力学学报，2004，21(2)：55—60.

[209] JF Luo, YJ Liu, EJ Berger. Analysis of two－dimensional thin structures (from micro－ to nano－scales) using the boundary element method [J]. Computational mechanics, 1998, 22：402—412.

[210] JJ Granados, R Gallego. Regularization of nearly hypersingular integrals in the boundary element method [J]. Engineering Analysis with Boundary Elements, 2001, 25：165—184.

[211] 牛忠荣，王秀喜，周焕林．边界元法计算近边界点参量的一个通用算法 [J]．力学学报，2001，33(2)：275—283.

[212] 牛忠荣，王左辉，胡宗军，周焕林．二维边界元法中几乎奇异积分的解析法 [J]．工程力学，2004，21(6)：113—117.

[213] Niu Zhongrong, Cheng Changzheng, Zhou Huanlin, etal. Analytic formulations for calculating nearly singular integrals in two－dimensional BEM [J]. Engineering Analysis with Boundary Element, 2007 (In press), doi：10.1016/j. enganabound. 2007. 05. 001.

[214] 周焕林，王秀喜，牛忠荣．位势问题边界元法中几乎奇异积分的完全解析算法 [J]．中国科学技术大学学报，2003，33(4)：431—437.

[215] Zhou Huanlin, Niu Zhongrong, Wang Xiuxi. The regularization of nearly singular integrals in the BEM of potential problems [J]. Applied Mathematics and Mechanics, 2003, 24(10)：1208—1214.

[216] 周焕林，牛忠荣，王秀喜，程长征．正交各向异性位势问题边界元法中几乎奇异积分的解析算法 [J]．应用力学学报，2005，22(2)：193—197.

[217] Zhou Huanlin, Niu Zhongrong, Cheng Changzheng, etal. Analytical integral algorithm in the BEM for orthotropic potential problems of thin bodies [J]. Engineering Analysis with Boundary Elements, 2007, 31：739—748.

[218] 程长征，周焕林，胡宗军，牛忠荣．近坝基面渗流场的边界元法分析 [J]．中国科学技术大学学报，2006，36(12)：1308—1313.

［219］J Milroy，S Hinduja，K Davey．The elastostatic three－dimensional boundary element method：analytical integration for linear isoparametric triangular elements［J］．Applied Mathematical Modeling，1997，21：763－782．

［220］KDavey，MT Alonso Rasgado，I Rosindale．The 3－D elastodynamic boundary element method：semi－analytical integration for linear isoparametric triangular elements［J］．International Journal of Numerical Methods in Engineering，1999，44：1031－1054．

［221］牛忠荣，王秀喜，周焕林．三维边界元法中几乎奇异积分的正则化算法［J］．力学学报，2004，36(1)：49－56．

［222］Zhongrong Niu，WL Wendland，Xiuxi Wang，Huanlin Zhou．A semi－analytical algorithm for the evaluation of the nearly singular integrals in three－dimensional boundary element methods［J］．Computer Methods in Applied Mechanics and Engineering，2005，194：1057－1074．

［223］周焕林，牛忠荣，王秀喜．三维位势问题边界元法中几乎奇异积分的正则化［J］．计算物理，2005，22(6)：501－506．

［224］程长征，胡宗军，周焕林，牛忠荣．边界元法分析薄形层合结构［J］．应用力学学报(已录用)．

［225］杨晓光，耿瑞，熊昌炳．航空发动机热端部件隔热陶瓷涂层应用研究［J］．航空动力学报，1997，12(2)：183－188．

［226］Chen BF，Hwang J，Chen IF，etal．Tensile－film－cracking model for evaluating interfacial shear strength of elastic film on ductile substrate［J］．Surface and Coatings Technology，2000，126：91－95．

［227］Cruse TA，Aithal R．Non－singular boundary integral equation implementation［J］．International Journal for Numerial Methods in Engineering，1993，36：237－254．

［228］Dan Rosen，Donald E，Cormack．The continuation approach for singular and near－singular integration［J］．Engineering analysis with boundary elements，1996，18：1－8．

［229］周焕林，牛忠荣，王秀喜．薄体位势边界元法中的解析积分算法

[J]. 力学季刊，2003，24(3)：319－326.

[230] Tanaka M，Sladek V，Sladek J. Regularizationtechniques applied to boundary element methods [J]. Applied Mechanics Review，1994，47 (10)：457－499.

[231] Johnson KL. Contact Mechanics [M]. First published，Cambridge：the Press Syndicate of the University of Cambridge，1985.

[232] Raveendra ST，Banerjee PK. Computation of stress intensity factor for interfacial cracks [J]. Engineering Fracture Mechanics，1991，40：89－103.

[233] 中国航空研究院. 应力强度因子手册 [M]. 北京：科学出版社，1981.

[234] 岳清瑞，彭福明，杨勇新等. 碳纤维布加固钢结构有效粘结长度的试验研究 [J]. 工业建筑，2004 (增)：321－324.

[235] 余德浩. 自然边界元方法的数学理论 [M]. 北京：科学出版社，1993.

[236] Ma H，Kamiya N. A general algorithm for the numerical evaluation of nearly singular boundary integrals of various orders for two－ and three－dimensional elasticity [J]. Computational Mechanics，2002，29：277－288.

[237] Chen XL，Liu YJ. An advanced 3D boundary element method for characterizations of composite materials [J]. Engineering Analysis with Boundary Elements，2005，29：513－523.

[238] 许金泉，刘一华，王效贵. 多重应力奇异性及其强度系数的数值分析方法 [J]. 计算力学学报，2000，17(2)：141－146.

[239] 亢一澜，Laermann KH. 异质双材料界面端部应力奇异性的实验分析 [J]. 力学学报，1995，27 (4)：506－512.

[240] Yosibash Z，Szabó BA. A note on numerically computed eigenfunctions and generalized stress intensity factors associated with singular points [J]. Engineering Fracture Mechanics，1996，54 (4)：593－595.

[241] 牛忠荣. 边界元法中奇异积分问题的研究及其在固体力学中的

应用 [C]. 中国科学技术大学博士学位论文，2001.

[242] BΠ 吉米多维奇. 数学分析习题集题解 [M]. 山东科技出版社出版，第三版，2005.

[243] 葛大丽. 粘结材料平面 V 形切口应力奇性指数的分析 [C]. 合肥工业大学硕士论文，2007.

[244] Xu Jinquan, Liu Yihua, Wang Xiaogui. Numerical method for the determation of multiple stress singularities and related stress intensity coefficients [J]. Engineering Fracture Mechanics, 1999, 63(6): 775—790.

[245] Henshel RD, Shaw KG. Crack tip finite elements are unnecessary [J]. International Journal for Numerial Methods in Engineering, 1976, 9: 495—507.

[246] Barsoum RS. On the use of isoparametric finite elements in linear fracture mechanics [J]. Interinational Journal for Numerical Methods in Engineering, 1976; 10: 25—27.

[247] Blandford GE, Ingraffea AR, Liggett JA. Two—dimensional stress intensity factor computations using the boundary element methods [J]. International Journal for Numerical Methods in Engineering, 1981; 17: 387—404.

[248] Niu Zhongrong. Nonlinear bending of the shallow spherical shells with variable thickness under axisymmetrical loads [J]. Applied Mathematics and Mechanics, 1993, 14(11): 1023—1031.

[249] 张明，姚振汉，杜庆华等. 双材料界面裂纹应力强度因子的边界元法分析 [J]. 应用力学学报，1999，16(1): 21—26.

[250] 吴志学. 三维双材料结构的应力奇异性分析 [J]. 计算力学学报，2004，21(5): 592—596.

[251] Matsumto T, Tanaka M, Obara R. Computation of stress intensity factors of interface cracks based on interaction energy release rates and BEM sensitivity analysis [J]. Engineering Fracture Mechanics, 2000, 65: 683—702.

# 在读期间的主要研究工作和发表的论文

**攻读博士学位期间参加的科研项目**

[1] 国家自然科学基金项目"超薄形层合结构三维边界元分析与奇异积分研究"（10272039）.

[2] 教育部博士学科点基金项目"钢结构中焊接部位强度和疲劳断裂的边界元法分析"（200503 59009）.

**攻读博士学位期间发表的论文**

[1] 程长征，胡宗军，周焕林，牛忠荣. 边界元法分析薄形层合结构 [J]. 应用力学学报.（已清样）

[2] 程长征，牛忠荣，周焕林，杨智勇. 热应力自然边界积分方程 [J]. 计算物理.（已录用）

[3] Cheng CZ, Niu ZR, Zhou HL, Hu ZJ. Boundary element analysis of the temperature field in the orthotropic coating—structures [J]. 中国科学技术大学学报.（已录用）

[4] 程长征，牛忠荣，王远坤，葛大丽. 赫兹压力下涂层构件的边界元法分析 [J]. 合肥工业大学学报.（已录用）

[5] 程长征，牛忠荣，余果，黄峻峻. MTS 液压伺服加载系统钢门架模态分析 [J]. 钢结构.（已录用）

[6] 王远坤，程长征，胡宗军，牛忠荣. 边界元法分析功能梯度涂层结构 [J]. 材料工程.（已录用）

[7] 牛忠荣，程长征，胡宗军，叶建乔. 平面 V 形切口应力强度因子的

一个边界元分析方法 [J]. （已投稿）

[8] 程长征，牛忠荣，杨智勇. 多域自然应力边界积分方程 [J]. 合肥工业大学学报，2007，30（9）：1170—1173.

[9] 程长征，周焕林，胡宗军，牛忠荣. 近坝基面渗流场的边界元法分析 [J]. 中国科学技术大学学报，2006，36(12)：1308—1313.

[10] 程长征，牛忠荣，周焕林，胡宗军. 各向同性涂层构件的温度场计算 [J]. 固体力学学报，2005，26（专辑）：124—127.

[11] 牛忠荣，程长征，胡宗军，周焕林. 自然边界积分方程分析近边界应力分布 [J]. 固体力学学报，2007，28（3）：249—254.

[12] Zhongrong Niu，Changzheng Cheng，Huanlin Zhou，Zongjun Hu. Analytic formulations for calculating nearly singular integrals in two—dimensional BEM [J]. Engineering Analysis with Boundary Elements，2007，31：949—964. （SCI 源刊）

[13] Huanlin Zhou，Zhongrong Niu，Changzheng Cheng，Zhongwei Guan. Analytical integral algorithm in the BEM for orthotropic potential problems of thin bodies [J]. Engineering Analysis with Boundary Elements，2007，31：739—748. （SCI 源刊）

# 致　　谢

　　本论文是在导师牛忠荣教授的精心指导与悉心关怀下完成的。导师国际化的视野，前沿而精髓的学术造诣，严谨勤奋的治学风格，使我获益匪浅，并将深刻影响着我日后的工作和生活。导师为我树立了为人和治学的榜样，将我引入了力学学科的研究领域，为我的进步与成绩倾注了大量的汗水与心血。谨此之际，向导师表示最诚挚的感谢！

　　论文同时得到了法国 Blaise Pascal 大学 Naman Recho 教授和英国 Leeds 大学叶建乔教授的指点，两位老师远在海外却时刻牵挂我论文的进展，特此深表感谢！

　　感谢在我的论文完成过程中，曾给予我帮助的合肥工业大学土木建筑工程学院领导、老师和同事！没有他们提供的条件与便利，不可能将论文做得完善。

　　感谢我所在的计算力学研究室周焕林博士、胡宗军博士以及其他各位同学的热情帮助。

　　感谢我的父母和岳父母对我的关心与照顾，谢谢我的妻子程香对我的理解与支持。

　　感谢在百忙之中抽出宝贵时间对本论文进行评阅和审议的专家学者们！

　　感谢国家自然科学基金项目（10272039）、教育部博士学科点基金项目（20050359009）和安徽省自然科学基金项目（050440503）对本课题研究的支持。

作者：程长征

2007 年 10 月

**图书在版编目（CIP）数据**

涂层结构和 V 形切口界面强度的边界元法分析研究/程长征著 . —合肥：
合肥工业大学出版社，2012.10

（斛兵博士文丛）

ISBN 978 - 7 - 5650 - 0481 - 0

Ⅰ.①涂… Ⅱ.①程… Ⅲ.①涂层—结构分析②涂层—切口—界面强
度—边界元法—研究 Ⅳ.①TB43

中国版本图书馆 CIP 数据核字（2012）第 231237 号

---

**涂层结构和 V 形切口界面强度的边界元法分析研究**

程长征 著 牛忠荣 导师 　　　　　责任编辑 金 伟

| | | | | |
|---|---|---|---|---|
| 出　版 | 合肥工业大学出版社 | 版　次 | 2012 年 10 月第 1 版 | |
| 地　址 | 合肥市屯溪路 193 号 | 印　次 | 2012 年 10 月第 1 次印刷 | |
| 邮　编 | 230009 | 开　本 | 710 毫米×1010 毫米　1/16 | |
| 电　话 | 总　编　室：0551 - 2903038 | 印　张 | 12 | |
| | 市场营销部：0551 - 2903198 | 字　数 | 184 千字 | |
| 网　址 | www. hfutpress. com. cn | 印　刷 | 中国科学技术大学印刷厂 | |
| E-mail | press@hfutpress. com. cn | 发　行 | 全国新华书店 | |

ISBN 978 - 7 - 5650 - 0481 - 0 　　　　　　定价：26.00 元

如果有影响阅读的印装质量问题，请与出版社市场营销部联系调换。